高等学校环境艺术设计专业教学丛书暨高级培训教材

设 计 表 达

刘铁军　杨冬江　周志慧　编著
清华大学美术学院环境艺术设计系

中国建筑工业出版社

图书在版编目（CIP）数据

设计表达/清华大学美术学院环境艺术设计系等编
著. —北京：中国建筑工业出版社，2022.1
高等学校环境艺术设计专业教学丛书暨高级培训教材
ISBN 978-7-112-26969-3

Ⅰ. ①设… Ⅱ. ①清… Ⅲ. ①环境设计-高等学校-
教材 Ⅳ. ①TU-856

中国版本图书馆 CIP 数据核字（2021）第 279152 号

本书共5章，分别是：设计表达概述、设计表达图示类型及基本要素、设计表达技法分类及制作流程、环境设计各阶段的设计表达语言、环境设计表达优秀作业案例。作为环境设计专业的基础课程，设计表达课程具有承上启下的作用，完成从基础综合造型训练课程向专业训练课程的过渡，在课程设置上以阶段式教学的方式，从图面技术、技巧的表达训练转化到以设计过程、设计内容、设计分析为主导的综合表达训练。

本书主要面向各类高等院校环境艺术设计专业的教师、学生，同时也面向各类成人教育培训班的教学，也可以作为专业设计师和各类专业从业人员提高专业水平的参考书。

为了便于本课程教学与学习，作者自制课堂资源，可加《设计表达》交流 QQ 群 397406115 索取。

责任编辑：胡明安
责任校对：姜小莲

本书配套视频资源扫码
上面二维码观看

高等学校环境艺术设计专业教学丛书暨高级培训教材

设 计 表 达

刘铁军　杨冬江　周志慧　编著
清华大学美术学院环境艺术设计系

＊

中国建筑工业出版社出版、发行（北京海淀三里河路9号）
各地新华书店、建筑书店经销
霸州市顺浩图文科技发展有限公司制版
北京市密东印刷有限公司印刷

＊

开本：880毫米×1230毫米　1/16　印张：10¼　字数：271千字
2022年7月第一版　　2022年7月第一次印刷
定价：**62.00**元（赠教师课件）
ISBN 978-7-112-26969-3
（38638）

本书编者的话

本书是在《表现技法》（第三版）的基础上修订而成，根据形式发展的需要，修订时改成《设计表达》。

作为设计学科重点的环境设计专业，源于20世纪50年代中央工艺美术学院室内装饰系。在历史中，它虽数异名称（室内装饰、建筑装饰、建筑美术、室内设计、环境艺术设计等），但初心不改，一直是中国设计界中聚焦空间设计的专业学科。经历几十年发展，环境设计专业的学术建构逐渐积累：1500余所院校开设环境设计专业，每年近3万名本科生或研究生毕业，从事环境设计专业的师生每年在国内外期刊发表相关论文近千篇；环境设计专业共同体（专业从业者）也从初创时期不足千人迅速成长为拥有千万人从业、每年为国家贡献产值近万亿元的庞大群体。

一个专业学科的生存与成长，有两个制约因素：一是在学术体系中独特且不可被替代的知识架构；二是国家对这一专业学科的不断社会需求，两者缺一不可，如同具备独特基因的植物种子，也须在合适的土壤与温度下才能生根发芽。1957年，中央工艺美术学院室内装饰系的成立，是这一专业学科的独特性被国家学术机构承认，并在"十大建筑"建设中辉煌表现的"亮相"时期；在之后的中国改革开放时期，环境设计专业再一次呈现巨大能量，在近40年间，为中国发展建设做出了令世人瞩目的贡献。21世纪伊始，国家发展目标有了调整和转变，环境设计专业也需重新设计方案，以适应新时期国家与社会的新要求。

设计学是介于艺术与科学之间的学科，跨学科或多学科交融交互是设计学核心本质与原始特征。环境设计在设计学科中自诩为学科中的"导演"，所以，其更加依赖跨学科，只是，环境设计专业在设计学科中的"导演"是指在设计学科内的"小跨"（工业设计、染织服装、陶瓷、工艺美术、雕塑、绘画、公共艺术等之间的跨学科）。而从设计学科向建筑学、风景园林学、社会学之外的跨学科可以称之为"大跨"。环境设计专业是学科"小跨"与"大跨"的结合体或"共舞者"。基于设计学科的环境设计专业还有一个基因：跨物理空间和虚拟空间。设计学科的一个共通理念是将虚拟的设计图纸（平面图、立面图、效果图等）转化为物理世界的真实呈现，无论是工业设计、服装设计、平面设计、工艺美术等大都如此。环境设计专业是聚焦空间设计的专业，是将空间设计的虚拟方案落实为物理空间真实呈现的专业，物理空间设计和虚拟空间设计都是环境设计的专业范围。

2020年，清华大学美术学院（原中央工艺美术学院）环境艺术设计系举行了数次教师专题讨论会，就环境设计专业在新时期的定位、教学、实践以及学术发展进行研讨辩论。今年，借中国建筑工业出版社对《高等学校环境艺术设计专业教学丛书暨高级培训教材》进行全面修订时机，清华大学美术学院环境艺术设计系部分骨干教师将新的教学思路与理念汇编进该套教材中，并新添加了数本新书。我们希望通过此次教材修订，梳理新时期的教育教学思路；探索环境设计专业新理念，希望引起学术界与专业共同体关注并参与讨论，以期为环境设计专业在新世纪的发展凝聚内力、拓展外延，使这一承载时代责任的新兴专业在健康大路上行稳走远。

清华大学美术学院环境艺术设计系

2021年3月17日

目　　录

第5章　环境设计表达优秀作业案例

第1章 设计表达概述

1.1 设计表达的定义

作曲家用音符表现音乐，作家用文字创作文学作品，设计师的语言是什么？设计师如何表达设计？

"设计的定义，各类辞典有许多不同的解释，大致可归纳如下：设计、意匠、计划、草图、图样、素描、结构、构想、样本。因此可以说，设计是人的思考过程，是一种构想、计划，并通过实施，最终以满足人类的需求为终止目标。设计为人服务，在满足人的生活需求的同时又规定并改变人的活动行为和生活方式，以及启发人的思维方式，体现在人类生活的各个方面。"

设计意味着计划和组织，将安排好的元素进行计划后形成视觉图形（二维、三维），由于所属范围不同，设计的对象包括：标志、书籍、家具、建筑、服装、产品等。在设计过程中，如何将纷繁错杂的想法通过有序的视觉图形表现出来，掌握恰如其分的设计表达方法具有至关重要的作用。

设计表达，将设计师的创作灵感、设计思路以图示的语言形象地表达出来，展现设计的思维逻辑，使设计的内容和意义更容易让人理解。随着社会的发展和物质文化生活水平的提高，人们的生活方式越来越多样，环境设计表达风格也日渐丰富，创意构想的表现形式也因此有了新的面貌。环境设计表达运用图示语言表现环境设计内容和设计过程的视觉传递技术和艺术化表现手段。包括正投影制图、环境设计透视图、模型、电脑动画、摄影、录像、VR 虚拟现实等综合表达手段。

环境设计师用图示语言表现自己的设计，推销自己的设计。就像电影的剪接过程，将各类设计图形经过选择、整理，顺序地编排起来，成为一部结构完整、内容连贯的表达过程。对环境设计师来说，把构思出来的想法变成精美的图形，进而实施，变成现实，是一个令人着迷、令人激动的过程，也是设计师最大的满足和乐趣。

1.2 设计表达的内容与方式

环境设计表达的内容和方式多种多样，内容为设计服务。相同的内容采用不同的表达方式，可以产生不同的效果。设计表达图示语言大致可分为二维平面表达、三维立体表达、四维动画表达（图1-1）。在二维平面表达中包括平面图、立面图、剖面图、轴测图、透视图等；在三维立体表达中包括概念模型、阶段分析模型、成果展示模型等；在四维动画表达中包括 SketchUp 漫游、3D Studio MAX 漫游、Lumion 漫游、摄影、影像编辑、VR、MR、AR 等。

1. 设计表达的内容

二维平面表达包括平面图、立面图、剖面图、轴测图、透视图等。

二维平面表达中，正投影制图专业性强、表现精确，成为环境设计定案和施工的科学依据；透视图能形象直观地表现环境空间，营造环境气氛，观赏性强，具有很强的艺术感染力，在设计投标、设计定案中起到很重要的作用。一张透视图的好坏往往直接影响该设计的审定，因为透视图最容易被甲方和审批者所关注，它提供了工程竣工后的效果，有着先入为主的感染力，有助于得到甲方和审批者的认可和取用。

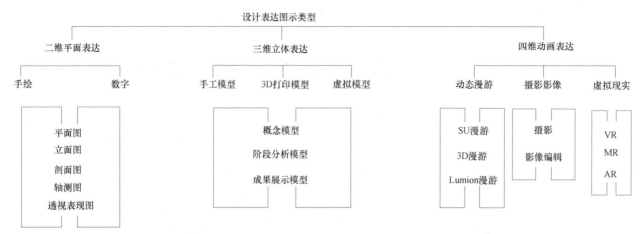

图 1-1 设计表达图示语言

二维平面表达的呈现手段一般表现为手绘表达和数字表达。手绘表达是设计初期推敲、分析设计方案的设计表达方法之一，它的特点表现在三个方面：首先，表现在便捷、快速，如何在瞬间捕捉到设计师大脑的思考火花，徒手绘制是最为快捷的方法。其次，表现在灵活性方面，手绘表达方便修改，便于多种图形的比较。再次，表现在设计的艺术性和个性，手绘表达最能体现设计师的个性，不同的设计师都有不同的设计手绘表达手法，千差万别，并形成设计师独有的表达风格。随着电脑技术的发展，应用软件为我们提供了无限描绘环境空间的方法，引发了新的图像技术革命。在数字表达方面，通过设计图形软件 AutoCAD、SketchUp、3DS MAX、Rhino、SolidWorks、Photoshop 等，将物体、空间表现出来，能更真实地反映环境空间形态及构造、材料的质感及光影的表现，并具有强大的复制功能、多角度成图等优势。Rhinoceros 和 Grasshopper 软件使参数化设计方法成为可能，这类建模软件具有强大的造型能力和独特的可视化编程建模方式，并运用在设计的诸多领域。

三维立体表达指通过模型的方法将物体、空间形态按比例缩放制作的样品，是一种三维的立体模式，模型是设计过程中表现物体面貌和空间关系的一种表达手段。三维立体表达的呈现手段分别为手工模型、3D 打印模型、虚拟模型。设计前期的三维立体表达为概念模型，设计中期为阶段分析模型，设计后期为成果展示模型。

四维动画表达指表现物体以及空间相关活动所产生的电脑动画影片。在计算机三维数字模型的基础上，通过编排运动路径，体验四维空间动态感受的表现方法，呈现手段有动态漫游、摄影影像、虚拟现实。

动态漫游可以在一个虚拟的三维环境中，用动态交互的方式对未实现设计的空间进行身临其境的全方位的审视，可以从任意角度、距离和精细程度观察场景，选择并自由切换多种运动模式，如行走、驾驶、飞翔等，并可以自由控制浏览的路线。在漫游过程中，还可以实现多种设计方案、多种环境效果的实时切换比较，带来强烈、逼真的感官冲击，获得身临其境的体验。多款制图软件可以制作动态漫游，如 SU、3D、Lumion 等。

摄影影像的表达包括直接摄影的影像及通过软件进行二次编辑的影像。虚拟现实的呈现手段包括 VR、MR、AR 等，虚拟现实技术囊括计算机、电子信息、仿真技术，其基本实现方式是计算机模拟虚拟空间环境给人以空间沉浸感，它具有超强的仿真系统，真正实现了人机交互，使人在操作过程中，可以随意操作并且得到环境最真实的反馈。正是虚拟现实技术的存在性、多感知性、交互性等特征。

2. 设计表达的方式

运用多种绘图技法及多种设计语言表达方式作为呈现设计的手段。就如同写文章，每句话的语法结构要合理，用词要得当，句子要通顺，句与句之间要连贯，同时还要体现文采，文章的内容感动人。设计的表达也是如此，设计师的语言就是图形。设计表达可以借用语言、文学和艺术的表达形式，以 PPT、图版、作品集、模型、影像等表达方式最终出现。分为以下5种：叙事性表达、描述式表达、比较分析式表达、推理式表达、说明式表达。

叙事性表达是设计师对设计对象形成、发展、变化过程的叙说和交代；描述式表达是把设计对象的状貌、形态描绘出来，属于感性表达，包括外貌描写、细节描写、环境描写；比较分析式表达是把设计对象或设计要素加以比较，以达到认识设计对象的本质和规律并做出正确的评价。比较分析表达通常是把两个相互联系的数据进行比较，从数据上展示和说明设计对象各种要素关系是否协调；推理式表达由一个或几个已知的判断，推导出一个未知的结论的设计思维和表达过程，表达设计对象要素间的逻辑关系；说明式表达是最常见的一种设计表达方式之一，把设计对象的形状、性质、特征、成因、关系、功用等解说清楚的表达方式。

以上设计表达的方式不是单一呈现，各表达方式间融会贯通，强调科学严谨又注重艺术性的表达。设计的表达方式训练，就像电影的剪辑过程，将各类设计图形经过选择、整理，顺序地编排起来，成为一部结构完整、内容连贯的表达过程。

1.3 设计表达课程特色及安排

设计表达属于专业技能、设计修养的培养和训练，我们始终强调设计表达方式为设计内容服务，设计表达的训练不单单是培养学生画好透视图，也不单单是呈现最终的设计结果，设计表达应展现设计的

过程，包括观察-分析-归纳-联想-创造的不同阶段，不仅让观者知道你做的是什么，而且让观者知道你为什么这样做。良好的表达方式有助于更好的理解设计内容，传达准确的设计信息，要让设计表达更具有说服力，设计应感染人、服务人、教化人。

作为环境设计专业的基础课程，设计表达课具有承上启下的作用，完成从基础综合造型训练课程向专业训练课程的过渡，在课程设置上以阶段式教学的方式，从图面技术、技巧的表达训练转化到以设计过程、设计内容、设计分析为主导的综合表达训练。课题主要以二维平面表现技法为主，课程分为三个阶段，第一阶段为设计基础，制图与透视原理的训练，完成从平、立、剖的制图训练，要求表现准确的空间尺度，不同界面的制图表达方式；第二阶段为设计表达—空间测绘课程，要求运用综合的专业技术语言对空间进行测量，绘制出二维图纸；第三阶段为设计表达——施工图课程，表达建筑物、构筑物的外部形状、内部布置、结构构造、内外装修、材料做法以及设备、施工等要求的图样。

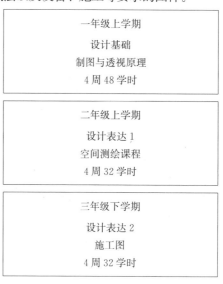

一年级上学期
设计基础
制图与透视原理
4 周 48 学时

二年级上学期
设计表达 1
空间测绘课程
4 周 32 学时

三年级下学期
设计表达 2
施工图
4 周 32 学时

1.4 设计表达的发展

设计表达的图示语言始终伴随着人类的文明与发展，在生产生活中，设计表达的图示语言扮演着重要的角色，以其快

捷、直观、形象的特点向人们传达丰富的设计思维、逻辑信息。从历史发展看，中西方设计语言上是有差别的，有各自不同的语言特点。

中国古代的著名文献《考工记》《鲁班经》《长物志》《园冶》等书籍以图示语言的形式大量地记载了当时的设计样式、施工工艺。虽然很多令人叹为观止的建筑已不复存在，但古籍中相关的图示纪录，让我们对当时的设计整体构思、环境配置、风格发展有了更多的了解。

界画是中国画技法的一种，作画时用界笔直尺划线的绘画方法。界画最早可追溯到晋代，宋元开始界画更多的开始表现建筑和园林空间。北宋时期张择端的《清明上河图》是界画的代表作，以长卷形式，采用散点透视构图法，生动地表达了12世纪北宋都城汴京的城市面貌和当时社会各阶层人民的生活状况。五米多长的画卷里，绘制了数量庞大的建筑、桥梁、公共设施、家具等环境设计内容，展现了北宋的环境空间风茂，《清明上河图》将"技术"与"艺术"充分融合，是生动的艺术语言转化而成的建筑空间环境表达（图1-2、图1-3）。

图1-2　清明上河图（一）
图片来源：故宫博物院。

《营造法式》是北宋时期官方颁布由李诫编修的一部建筑设计、施工的古籍。书中用严谨、规范的尺度表达中国传统建筑建造范式。手绘表现在书中得到了空前的应用，李诫收集工匠讲述的各工种操作规程、技术要领及各种建筑物构件的形制、加工方法，以图示语言的形式，清

图1-3　清明上河图（二）
图片来源：故宫博物院。

晰、直观地展现建筑的各种设计标准、规范和有关材料、施工定额、指标制定，以明确房屋建筑的等级制度、艺术形式及严格的料例功限。

样式雷是清廷建筑设计机构样式房供职的一个雷姓世家的荣誉性代称。刘敦桢在《同治重修圆明园史料》中记载。样式雷因其高超的建筑技艺和精益求精的工匠精神成为流传百世的传奇佳话。他们以建筑样式的设计为中心，包含选址测绘、烫样建模、营造施工、把持清廷一应土木差务，其中故宫、圆明园、颐和园及承德避暑山庄等都是其经典之作，留存下来的大量图档为研究中国古代建筑提供重要依据（图1-4、图1-5）。

图1-4　样式雷建筑设计图 正阳门大楼立样（一）

中世纪早期的西方，设计师在建筑施工之前，能够运用多种工具进行设计的表达。13世纪上半叶末，建筑师开始普遍绘制设计图纸，分工细致，使建筑设计师和施工工人开始分离，设计师用平面图和

图1-5 样式雷建筑设计图 正阳门
大楼立样（二）

立面图等图纸表达，施工工人照图施工，现代意义上的设计师开始出现。13世纪中期，建筑速写图册开始广泛出现并得以重视和交流传播，现代意义的手绘表现图开始出现。西方设计表达的第一次飞跃是

在文艺复兴时期，代表人物莱昂纳多达·芬奇作为卓越的代表人物，他的成就和贡献是多方面的，在设计方面的成就主要体现在器物设计和建筑设计两个方面。他把艺术设计过程中的设计思维用图示语言表达、描述、记载、推敲，绘制了很多设计图稿，这些珍贵的图示资料具有很高的史料价值。

文艺复兴时期多位艺术家对设计表达做出了革命性贡献，包括透视学的发明、绘画中的明暗法、光学的应用。其中达·芬奇留下了很多设计手稿，包括城市规划、教堂设计、陵墓设计、街道规划、城堡防御工事等。文艺复兴后期德国艺术家丢勒借鉴前人经验，经过深入研究，在中心投影（透视学）研究方面取得了较大的成就，从而奠定了透视学的基础，为设计语言走向客观化、科学化提供了科学保障。此后设计表达渐渐发展为独立的艺术类别，与绘画等专业互相促进和发展（图1-6～图1-8）。

图1-6 达·芬奇设计草图（一）

从古代到当代的设计师，都在运用手绘这种特殊的图示语言进行表达。日本建筑师安藤忠雄，从未受过正规科班教育，却开创了一套独特、崭新的建筑风格，成为当今最为活跃、最具影响力的世界建筑大师之一，光之教堂、风之教堂、住吉的长屋等都是他的知名作品。在建筑设计中，他喜欢用多种多样的速写草图，来表达自己的设计构想

（图1-9）。

伊拉克裔英国女建筑师扎哈·哈迪德（Zaha Hadid），曾于2004年获得建筑设计领域最高奖项"普利兹克建筑奖"。她的建筑风格前卫、大胆、充满想象力，她在建筑设计时产生了许多的草图作品，这些草图在设计前期可以快速处理场地条件、功能关系等，逐步推出清晰的空间形式（图1-10、图1-11）。

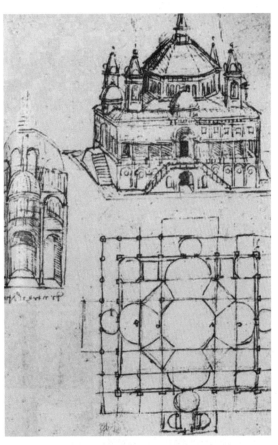

图 1-7 达·芬奇设计草图（二）

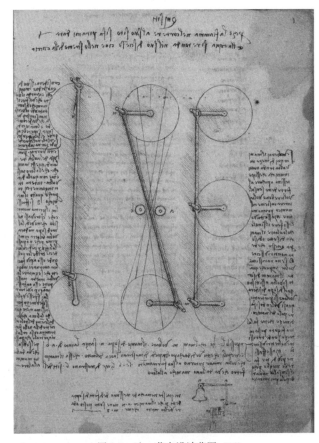

图 1-8 达·芬奇设计草图（三）

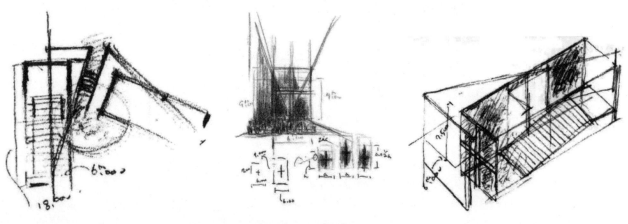

图 1-9 安藤忠雄 光之教堂草图（1989 年）

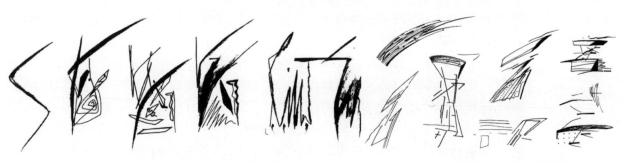

图 1-10 扎哈·哈迪德 Moonsoon 饭店草图   图 1-11 扎哈·哈迪德 Tomigaya 建筑草图

从中国到西方，不同时代产生了千差万别的图示语言表达方式，从专业角度看，国内的环境设计的历史经历了从建筑装饰、工业美术、室内设计，环境艺术设计到环境设计的发展。设计表达的形式、内容和方法也在不断的变化。设计图的名称在不断更新，从20世纪60年代到90年代的"效果图"，20世纪90年代之后的"表现图"，到现今综合性的图示语言表达，设计表达的语言不断丰富。同时手绘技法和工具也不断更新换代，20世纪60年代到80年代以水粉、水彩技法为主，20世纪80年代后期到90年代是透明水色技法大发展时期，早期中央工艺美术学院的表现图具有专业的引领作用，环境艺术设计系老师们创造发明了透明水色技法和喷笔技法，成为当时设计表现的主流。20世纪90年代中后期是马克笔技法的大发展时期，成为快速表现的主要工具之一，当时绘制效果的优劣是衡量设计师水平的重要标准。20世纪90年代之后，电脑的普及，数字制图技术的应用带来专业技术门槛的降低，在行业里导致设计表达技术工种快速分化，产生了专门的表现图绘图员。初期的表现图生成软件包括3DS、PS、3DMAX等，当时的电脑制图带来了比较快速的三维成图的技术，但是缺少艺术化的表现手段。从SU、手绘板、犀牛等更专业性的软件的出现到应用，电脑技术与手绘技术结合，三维成图有了艺术化、个性化、专业化设计表达的可能性，电脑制图表现的透视清晰、尺度精确、材质细腻，可以更加生动、全面的表达设计（图1-12～图1-14）。

图1-13　手绘图（二）
作者：张月

图1-14　手绘图（三）
作者：崔笑声

图1-12　手绘图（一）

1.5　设计表达的特点

环境设计表达的呈现，不同于专业性很强的技术图纸，需要更形象、更具体、更生动地表达设计意图、设计构思，要求学生要有一定的美术基础和绘画技能。但不等于说仅会绘画，就能完全掌握环境设计的表达方式，环境设计图和真正的绘画艺术作品还是有一定区别的。纯绘画作品是画家个人思想感情的表露，比较个体，画家在绘画时并不在乎他人的感受与认可，无论何种表现形式都是可以的，画种的选择上也很单一。而环境艺术设计图的最终目的是体现设计者的设计意图，并使观者（包括：老师、使用者、审批者等）能够认可你的设计。环境艺术设计图更在乎他人的感受和认可，这一点非常重要，作为设计的图示语言，要求画面效果忠于实际空间，画面简洁、概括、统一。一张设计图，可以用一两种技法进行表现，也可以是多种技法的综合表现，手段不限，是绘制技能和自身的设计水平的综合体现。

环境艺术设计图根据绘画手法的不同，颜料、绘制工具的不同又分多种技法，包括素描画法，彩铅画法、色粉画法、马克笔画法，及电脑绘图技法等，但无论环境设计图的技法有多么丰富，它始终是科学性和艺术性相统一的产物。

它的科学性在于：运用正投影制图、透视画法，形成一套数据严谨的图示语言，综合表达方面，注重设计分析过程及逻辑性推导。在设计图中，需要表达准确的空间的比例、透视，运用画法几何的方法绘制透视是比较严谨、复杂的过程。需要表达精确的尺度，包括环境空间界面的尺度（空间的高度、墙面的宽度）；构造的尺度（门、窗、台阶的尺度，材料分割的尺寸）；空间陈设、设施的尺度；人、配景的尺度。还要表现材料的真实固有色彩和质感，要尽可能真实地表现光、物体阴影的变化。

它的艺术性在于：不论是手绘图示语言还是数字图示语言，在形态、结构、色彩、材料等方面，都要遵循艺术标准。设计图虽然不能等同于纯绘画的艺术表现形式，但它毕竟与艺术有不可分割的血缘关系。一张精美的环境艺术设计图，同时也可作为观赏性很强的美术作品，绘画中所体现的艺术规律也同样适合于设计图中，如整体统一、对比调和、秩序节奏、变化韵律等。绘画中的基本问题，如素描和色彩关系、画面虚实关系、构思法则等在设计图中同样能遇到。环境艺术设计图中体现的空间气氛、意境、色调的冷和暖同样依靠绘画手段来完成。作为设计图，则要求画面效果要忠实于空间实际，画面要简洁、概括、统一。

第2章 设计表达图示类型及基本要素

2.1 基础图示类型

设计表达是将设计师的创作灵感、设计思路以图示语言形象地展现设计的思维逻辑，使设计的内容和意义更容易让人理解的综合性的表达过程。运用多种图示语言科学、艺术的传递设计内容。环境设计表达图示类型包括正投影制图（平面图、立面图、剖面图）、轴测图、透视图等。

2.1.1 正投影制图

投射线与投影面垂直相交的平行投影法为正投影法，根据正投影法所得的投影称为正投影。

以立方体为例，物体的表面与投影面平行。物体在相互垂直的两个或多个投影面上所得到的正投影称为多面正投影，它们共同表达物体的三维形象。

空间的内部是由长、宽、高三个方向构成的一个立体空间，称为三度空间体系。要在图纸上全面、完整、准确地表示它，就必须利用正投影制图，绘制出空间界面的平、立、剖面图。正投影制图能够科学地再现空间界面的真实比例与尺度。就像是一个被拆开的方盒子（图 2-1 是平面、图 2-2 是顶平面、图 2-3～图 2-6 分

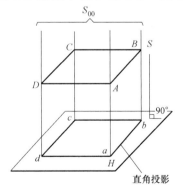

图 2-1　正面正投影制图原理
图片来源：《室内装饰设计制图》，
辽宁科技出版社，2015。

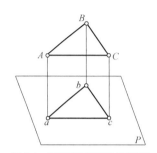

图 2-2　顶平面正投影制图原理

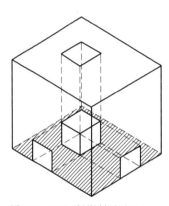

图 2-3　立面正投影制图原理（一）
图片来源：《建筑制图》中国建筑工业出版社，2008。

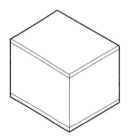

图 2-4　立面正投影制图原理（二）
图片来源：《室内设计资料集》，
中国建筑工业出版社，1991。

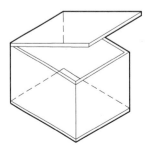

图 2-5　立面正投影制图原理（三）

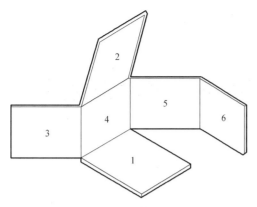

图 2-6 立面正投影制图原理（四）

别是四个立面）。在每个界面上纵横切割所呈现出来的截面，就是我们所说的剖面与节点。

正投影制图包含平面图、立面图、剖面图，以及之后的建筑空间结构、水、暖、电等各专业施工图等。它们是表达水平面和垂直面信息的二维图示语言。正投影的原理和空间维度转化可以增强设计师的空间想象力，将设计意图准确无误地传达给业主和施工单位，是设计施工的依据。正投影制图要求使用专业的绘图工具或软件，图纸线条必须粗细均匀、光滑整洁、交接清楚，严格的制图规范是它的主要特征（图 2-7）。

2.1.2 平面图、立面图、剖面图

1. 平面图

平面图依据正投影制图原理，把测区内的地面沿铅垂线方向投影到平面上，按规定的符号和比例缩小而构成的图形，称为平面图。平面图包含家具平面图、室内平面图、建筑平面图、景观平面图等。

平面图表明横向的空间关系，主要表达各功能空间的形体大小、相互关系、相对位置等。室内平面图根据空间的内容和功能使用要求，结合自然条件、经济、技

图 2-7 正投影制图

图片来源：《室内设计资料集》，中国建筑工业出版社。

10

术条件，来确定房间的大小和形状，确定房间之间、室内与室外之间的分隔与联系方式和平面布局，表达门窗、家具陈设、灯具位置、绿化等，使空间的平面组合满足实用、经济、美观和结构合理的要求；建筑、景观平面图，客观反映空间中的公共设施、绿化配置、水体景观等之间的空间尺度与空间关系。

平面图按环境设计各阶段的表达有草图平面图、分析平面图、施工平面图。按其表达内容有总平面图、分层/区平面图、顶棚平面图、屋顶平面图等。平面图在设计初期阶段以平面草图的形式呈现，可以展现设计思维。平面草图的线形、比例要求不需要像平面制图那样严谨，还可以适当添加颜色来帮助推导空间设计的路径、功能。在设计中期阶段，平面图可以用来做各种平面分析，来体现设计的各方面功能使用情况，设计后期的平面图为施工平面图，可以精确的表达空间平面规划情况，表达空间使用的装饰材料，表达空间尺度等。

不同比例的平面图有不同的用法。家具设计的常用平面图比例尺为1∶1、1∶2、1∶5、1∶10等，室内平面常用的比例尺为1∶50、1∶100、1∶200等；建筑平面、景观平面、规划平面通常比例尺为1∶200、1∶500、1∶1000、1∶2000等。

平面图有不同的绘制方法，平面图设计表现制作流程，分为手绘和电脑制图、电脑手绘图。手绘平面一般为纸质版，手绘的制图也需规范制作。软件CAD、SU、PS经常用来绘制平面图，电脑制图流程一般是CAD矢量图软件制作后，以pdf的格式导入PS中进行后期的制作，其中包括PS上色、材质气氛渲染等一系列制作，另外一种则是SU等建模软件中直接导出俯视图之后进行PS后期处理的平面图。电脑手绘一般以Sketchbook或者平板电脑的绘图软件制作，如 pro create、Vectornator、Pocket、Sketches、Art studio pro、Autodesk Sketch Book、Infinite Painter等。

平面图表达技巧（图2-8～图2-12）。
平面图综合图例（图2-13、图2-14）。

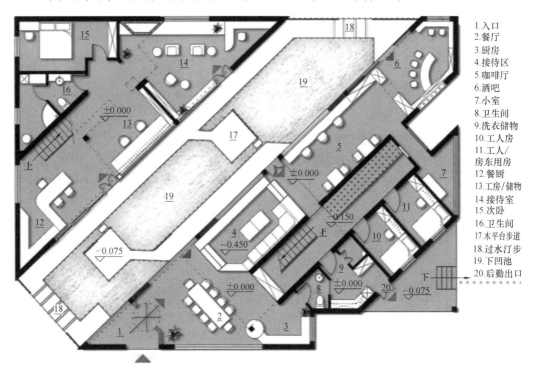

1.入口
2.餐厅
3.厨房
4.接待区
5.咖啡厅
6.酒吧
7.小室
8.卫生间
9.洗衣储物
10.工人房
11.工人/房东用房
12.餐厨
13.工房/储物
14.接待室
15.次卧
16.卫生间
17.木平台步道
18.过水汀步
19.下凹池
20.后勤出口

图2-8　平面图表达技巧（一）

CAD软件绘图，PS软件填充颜色。填充黑色调为墙体，图面主要功能区为灰色调，用黑白灰色块对不同功能空间进行填充，可以明确平面图不同空间的功能区别。

学生：郑炜珊　课程：专业设计（6）

11

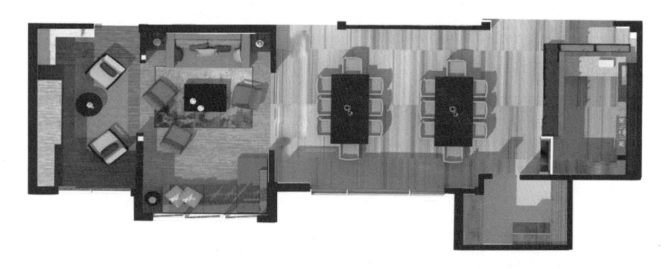

图 2-9　平面图表达技巧（二）

CAD 软件绘图，3D 软件填充材质及灯光布置，VR 软件渲染。材质比较接近真实，有空间光影的表达。清晰直观的表达空间设计的布局、功能及材料的颜色、质感，代入感强，便于理解。

学生：温馨　指导教师：汪建松、于历战　课程：专业设计（2）设计表达（2）

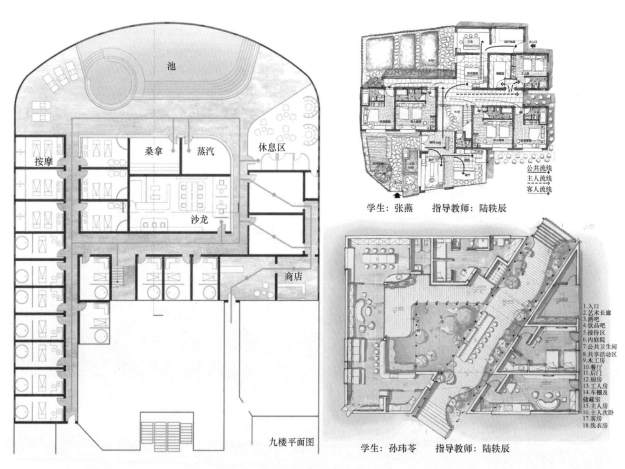

图 2-10　平面图表达技巧（三）

CAD 软件绘图，PS 软件填充材质及描画路径分析图。空间交通部分做浅灰色填充，围合的空间留白处理，使平面图的路径表达清晰。

学生：李嘉艺　指导教师：涂山　课程：专业设计（5）

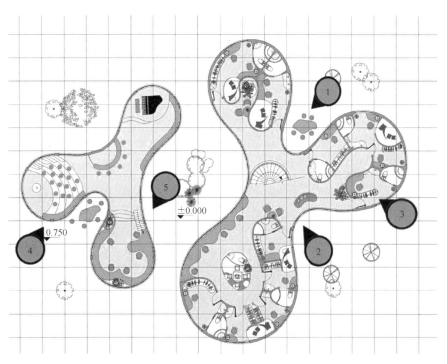

图 2-11　平面图表达技巧（四）

CAD 软件绘图，PS 填充颜色。家具、墙体、公共空间地面的颜色有区分，表达清晰的平面功能。

3D 软件绘图，VR 渲染。材质比较接近真实，有光影的表达。清晰直观地表达家具设计的布功能及材料的颜色、质感、代入感强，便于理解。

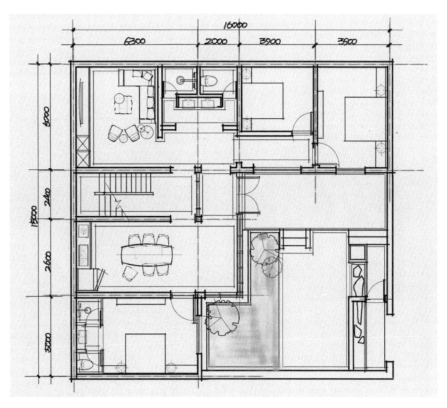

图 2-12　室内平面图图示

作者：刘东雷

IPAD 平板软件绘图。软件绘制出手绘线图效果，加有颜色的底图，画面没有过多的添加材质，更突出平面的功能布局、家具细节等。

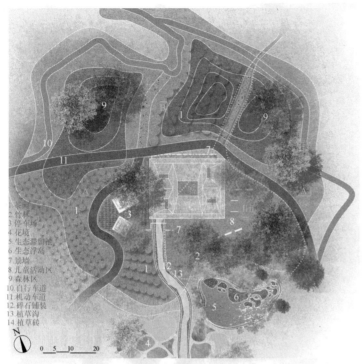

1.茶亭
2.竹林
3.停车场
4.花境
5.生态湿地
6.生态浮岛
7.景墙
8.儿童活动区
9.森林区
10.自行车道
11.机动车道
12.碎石铺装
13.植草沟
14.植草砖

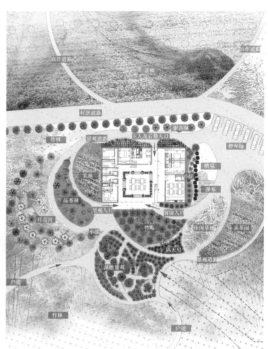

图 2-13　平面图综合图例

学生：郑琦蕾　指导教师：黄艳　陆轶辰　课程：专业设计（6）　　　　学生：李帅帅　指导教师：黄艳　　课程：专业设计

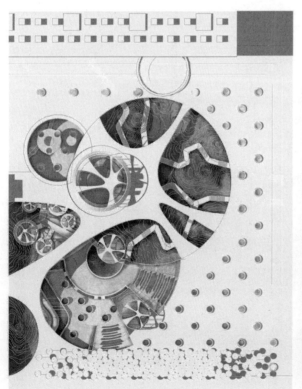

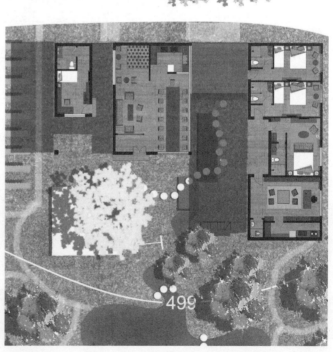

图 2-14　总体规划

学生：马可　指导教师：张月　苏丹　刘北光　课程：专业设计（4）　　　　学生：鲁星辰　指导教师：黄艳　课程：专业设计（6）

2. 立面图

立面图依据正投影制图原理，将测区内的立面纵向剖切，投影到立面上，按规定的符号和比例缩小而构成的图形，称为立面图。立面图包含家具的立面图、室内立面图、建筑立面图、景观立面图。

立面图展现纵向空间关系，表达各功能空间或形体的内部或外部的垂直面造型和空间形体的相对前后关系。立面图表达空间内外的设施，包括室内空间的设施与景观、建筑的设施，分层高度和细部高度；表明各部位的标高，便于查找高度上的位置；表明外墙各部位建筑装饰材料做法；表明局部或外墙索引；表明空间和家具、门窗的式样及开启方式；标注详图索引符号和必要的文字说明；表明外墙面上各种构配件、装饰物的形状、用料和施工工艺。

根据空间的性质和内容，结合材料、结构、周围环境特点以及艺术表现要求，综合考虑空间内部的空间形象，外部的体形组合、立面构图以及材料质感、色彩的处理等，使空间的形式与内容统一，创造良好的空间艺术形象，以满足人们的审美要求。

立面图按环境设计各阶段的表达有草图立面图、分析立面图、施工立面图。按其表达内容有总立面图、分层/区立面图、立面展开图等。当空间立面为弧形或不规则折线形情况下，将每个立面做垂直投影，展开形成的连续图形，称为立面展开图。

家具设计的常用立面图比例尺为1:1、1:2、1:5、1:10等，室内立面常用的比例尺为1:20、1:50、1:100、1:200等；建筑立面、景观立面、规划立面通常比例尺为1:100、1:200、1:500等。

立面图设计表现制作流程，分为电脑制图和手绘、电脑手绘。手绘平面一般分为纸质版手绘，制图规范制作。电脑制图流程一般CAD矢量图软件制作后，以pdf的格式导入PS中进行后期的制作，其中包括用PS进行色彩填充，材质气氛渲染等一系列制作，另外一种则是SU等建模软件中直接导出剖切立面之后，进行PS后期处理的概念图；电脑手绘一般以Sketchbook或者平板电脑的绘图软件制作，如pro create、Vectornator、Pocket、Sketches、Art studio pro、Autodesk Sketch Book、Infinite Painter等。

彩色立面图的表达更加清晰、直观。上色的立面图可以表达空间装饰材料、装饰色彩、肌理，颜色也可以区分空间功能，反映空间结构。

立面图表达技巧（图2-15～图2-22）。

立面图综合图例（图2-23～图2-26）。

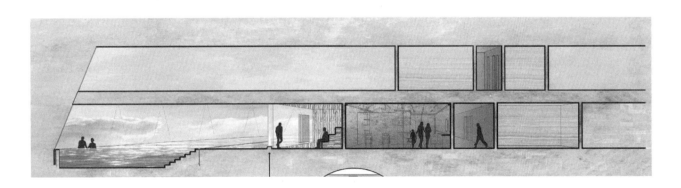

图2-15　立面图表达技巧（一）

CAD软件绘图，PS软件填充颜色、贴图。对需要重点表达的空间进行贴图，突出表达重点，添加不同姿势的人物剪影来表达空间的尺度及使用功能。

学生：李嘉艺　指导教师：涂山　课程：专业设计（5）

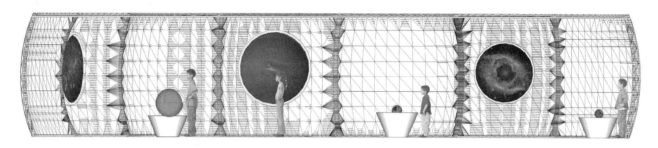

图 2-16　立面图表达技巧（二）

　　SU 软件绘图，PS 软件填充颜色、贴图。线条清晰表达立面结构，对需要重点表达的空间进行贴图，突出表达重点，添加不同高矮的人物来表达空间的家具尺度及使用功能。

学生：宋瑞丽　指导教师：刘铁军

图 2-17　灰色植物作为背景的立面图

　　CAD 软件绘图，PS 软件填充颜色、贴图。建筑主体颜色纯度高，天空的整体填充与贴图使建筑立面更有空间感，灰色植物贴图作为配景。

学生：王勇　指导教师：黄艳　陆轶辰　课程：专业设计（6）

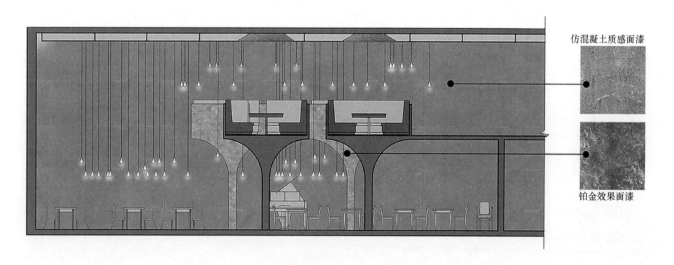

图 2-18　室内空间立面图

学生：张颂　指导教师：涂山　课程：专业设计（5）

图 2-19　室内空间立面图
学生：司于依　指导教师：杨冬江　课程：专业设计（5）

图 2-20　建筑与室内空间立面图
学生：郑直汉　指导教师：黄艳　课程：专业设计（6）

图 2-21　家具与室内空间立面图
学生：栾家成　指导教师：刘铁军　课程：毕业设计

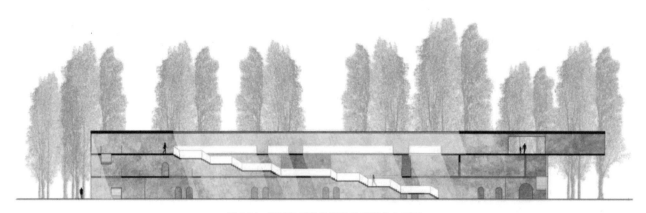

图 2-22　浅淡的植物贴图作为背景的立面图

CAD 软件绘图，PS 软件填充颜色、贴图。建筑主体填充颜色、贴图，重点突出材质，建筑颜色纯度高，浅淡的植物贴图作为配景。

学生：罗柳笛　指导教师：张月 杜异　课程：专业设计（3）（4）

图 2-23　家具立面图图示（一）

学生：秦佳敏　指导教师：刘铁军　课程：毕业设计

图 2-24　家具立面图图示（二）

学生：栾家成　指导教师：刘铁军　课程：设计大赛

图 2-25　建筑立面图图示（一）

学生：余佩霜　指导教师：管沄嘉 刘北光　课程：专业设计（2）设计表达（2）

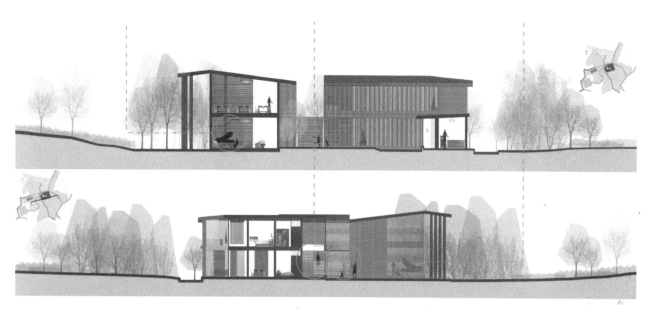

图 2-26　建筑立面图示（二）
学生：王雨婷　指导教师：黄艳　陆轶辰　课程：专业设计（6）

3. 剖面图

剖面图又称剖切图，依据正投影制图原理将测区内的空间纵向剖切，投影到立面上，比例缩小而构成的图形，称为剖面图。剖面图主要表达空间、物体内部的相对高度、结构、设备等隐蔽工程的构成情况，表现空间、物体立体分布和垂直结构的一种图解形式，包括家具剖面、室内剖面、建筑剖面、景观剖面等。

剖面图有二维剖面图、剖面透视图等表达形式。二维剖面图是最为常见和基本的表达方式，主要表现建筑内外空间的尺度、结构做法、功能布局等内容；剖面透视图作为独特的剖面表现方式，是将二维的剖面与透视表现图画法相结合，融合了透视与剖面的特点，极大提升了剖面图的表现效果，通过丰富的立体场景及更具层次感的空间，展示空间的使用方式，使空间表现更为生动。

剖面图绘制中，被剖的物体重点表现。剖面图有多种绘制手法，通过多样的色彩搭配、对光线的表达、渐变的光影、强烈的明暗对比以及对丰富的配景衬托，可表达出丰富的立体空间变化和纵深感。

剖面图表达技巧（图 2-27～图 2-31）。
剖面图综合图例（图 2-32～图 2-35）。

2.1.3　轴测图

轴测图依据正、斜平行投影原理，将三维空间、物体做平行投影形成的图形，称为轴测图。轴测图可以在一个投影面上反映空间、物体的长、宽、高尺寸，对人们了解空间、物体的形体、结构提供了帮助。轴测图根据投射线方向和轴测投影面的位置不同可分为正轴测图、斜投影图。正投影图投射线方向垂直于轴测投影面，包含三等正轴测、二等正轴测。斜轴测图投射线方向倾斜于轴测投影面，包含水平斜轴测、正面斜轴测。

设计上经常用轴测图来表达物体与空间的立体关系，轴测图也是发展空间构思能力的手段之一，通过轴测图可以培养空间想象能力，在绘制轴测图的过程中，轴测图可以清楚表达各空间面层之间的关系。轴测图作为一种表达三维空间的图式语言具有客观性与可测量性（图 2-36～图 2-41、表 2-1）。

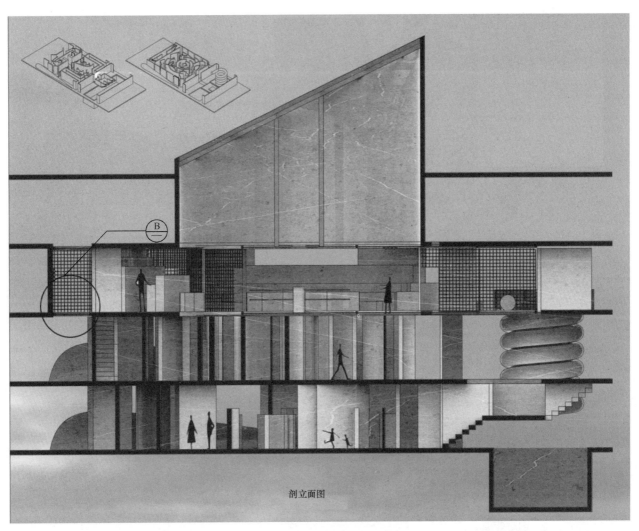

剖立面图

图 2-27　剖面图表达技巧（一）

　　CAD 软件绘图，PS 软件填充色、贴图。整体黑白灰色调仿素描表达效果，用黑色填充楼板结构，添加抽象人物剪影，可以了解空间尺度。表达立面图不同空间的功能及空间的材质特征。

学生：徐堂浩　指导教师：黄艳　陆轶辰　课程：专业设计（6）

剖面图A

图 2-28　剖面图表达技巧（二）

　　CAD 软件绘图，PS 软件填充色、贴图。墙体、楼板为粉色突出空间结构，添加不同姿势的人物剪影来表达空间的尺度及使用功能。

学生：李夏溪　指导教师：管沄嘉　刘北光　课程：专业设计（2）

图 2-29　剖面图表达技巧（三）
CAD 软件绘图，PS 软件填充颜色、贴图。墙体、楼板结构为白色，结构和空间区分清晰，采用贴图来表达各层空间的功能。

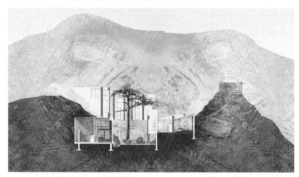

图 2-30　剖面图表达技巧（四）
CAD 软件绘图，PS 软件填充颜色、贴图。墙体、楼板结构为白色，结构和空间区分清晰，采用贴图来表达各层空间的功能、材质，背景山体贴图烘托整体空间氛围，也表达了空间所在的地理环境。
学生：罗柳笛　指导教师：枯松院　课程：设计前期分析图　综合设计

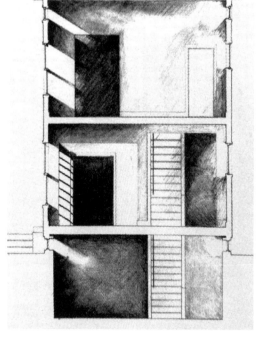

图 2-31　剖面图表达技巧（五）
CAD 软件绘图，素描技法填充。整体黑白灰素描表达效果，墙体、楼板结构为白色，素描表达空间采光效果。

图片来源：【美】莫·兹尔
《建筑表现完全教程》，上海人民美术出版社。

图 2-32　剖面透视图

学生：司于衣　指导教师：黄艳　陆轶辰　课程：专业设计（6）

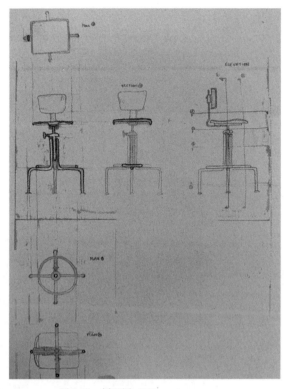

图 2-33　剖面图（一）

学生：鲁星辰　指导教师：黄艳　陆轶辰　课程：专业设计（6）

图 2-34　剖面图（二）

学生：鲁星辰　指导教师：黄艳　陆轶辰

课程：专业设计（6）

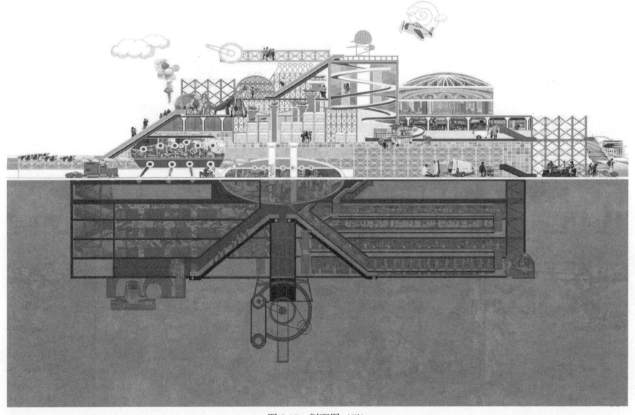

图 2-35　剖面图（三）

学生：孟昭　指导教师：梁雯　课程：专业设计（3）（4）

饮食文化分析。

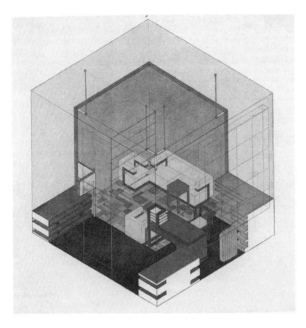

图 2-36　在魏玛包豪斯办公室的轴测图（1923 年）
赫伯特·拜耳与瓦尔特·格罗皮乌斯

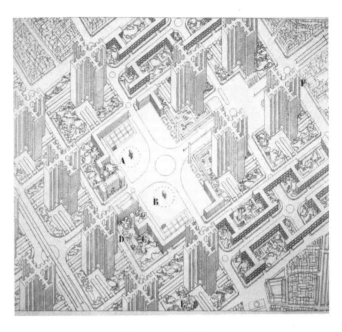

图 2-37　光辉城市
勒·柯布西耶

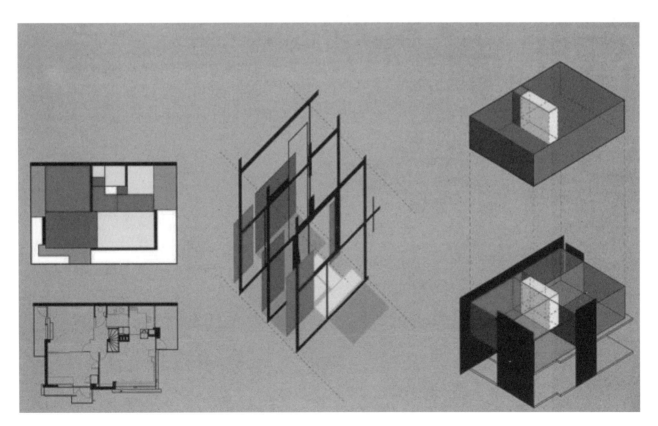

图 2-38　施罗德住宅区轴测图

赫伯特·拜耳与瓦尔特·格罗皮乌斯

分类	变形系数		
	X 轴	Y 轴	Z 轴
三等正轴测	1	1	1
二等正轴测	1	0.5	1
水平斜轴测	1	1	1,0.75,0.5,0.35
正面斜轴测	1	1,0.75,0.67,0.5	1

轴测图变形系数　　　　　　　　　　表 2-1

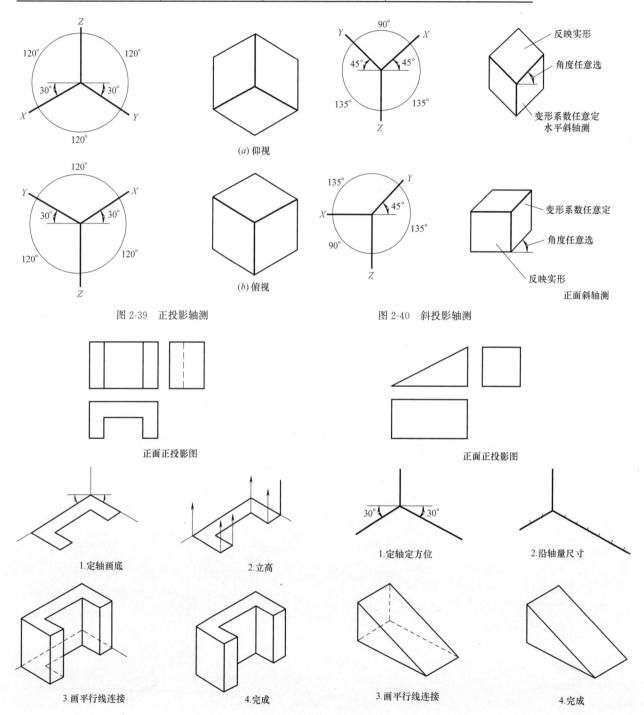

图 2-39　正投影轴测　　　　　　　　图 2-40　斜投影轴测

图 2-41　轴测图作图步骤

轴测图表达技巧（图 2-42～图 2-45）。

24

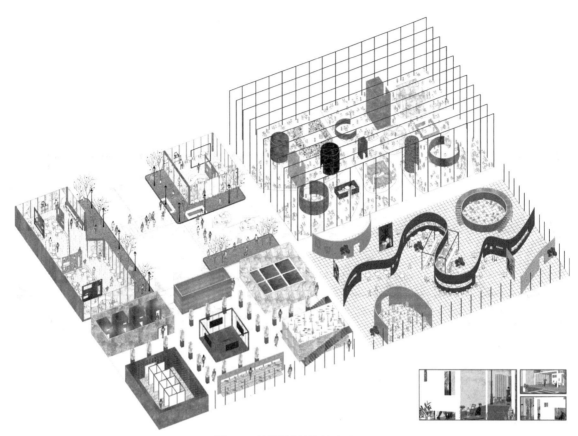

图 2-42　轴测图表达技巧（一）

SU 软件绘图，PS 软件填充色、贴图。地面留白，不同功能的空间墙体填充不同的颜色、肌理，来表达空间功能、材料的不同，添加抽象人物剪影，可以了解空间尺度及使用功能。

学生：顾紫薇　课程：专业设计（3）

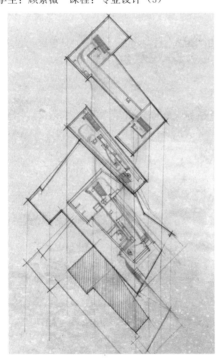

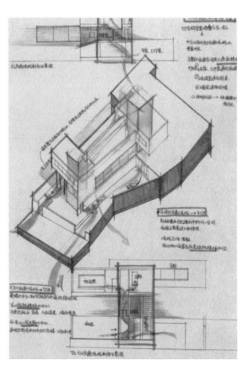

图 2-43　轴测图表达技巧（二）

针管笔、马克笔手绘表达。分层轴测图清晰显示空间功能，空间中的路径及功能区用不同颜色的彩铅勾画或填充，更清晰地表达空间设计。

学生：孟昭　指导教师：崔笑声　李飒　课程：专业设计（1）设计表达（1）

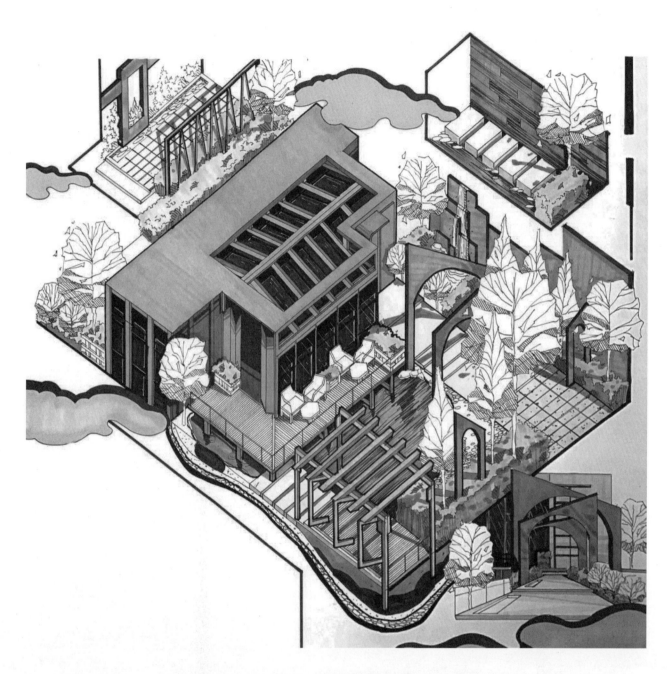

图 2-44 轴测图表达技巧（三）

　　马克笔手绘表达。轴测图清晰显示建筑与景观的空间关系、空间功能，空间中的路径、功能区、绿化用不同颜色的马克笔绘制，更清晰地表达空间设计。

学生：栾家成　指导教师：刘铁军　课程：设计表达

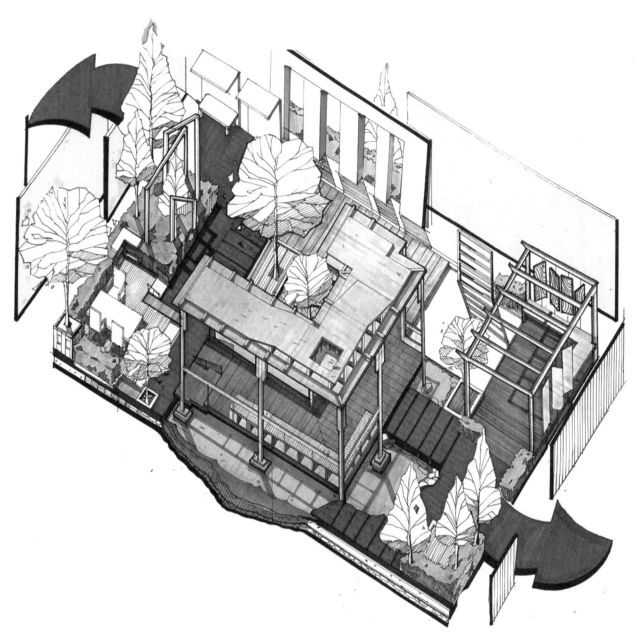

图 2-45 轴测图表达技巧（四）

　　马克笔手绘表达。轴测图清晰显示建筑与景观的空间关系、空间功能，空间中的路径、功能区、绿化用不同颜色的马克笔绘制，更清晰地表达空间设计。

学生：栾家成　指导教师：刘铁军　课程：设计表达

轴测图综合图例（图 2-46～图 2-48）。

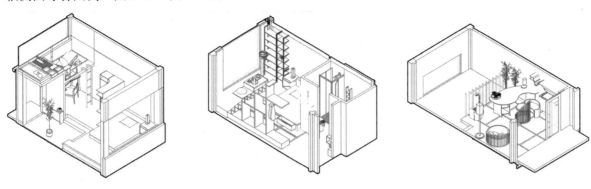

图 2-46　轴测图综合图例（一）
学生：温馨（2）　指导教师：汪建松 于历战　课程：专业设计（2）设计表达（2）

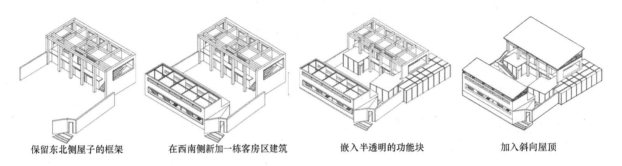

保留东北侧屋子的框架　　在西南侧新加一栋客房区建筑　　嵌入半透明的功能块　　加入斜向屋顶

图 2-47　轴测图综合图例（二）
学生：李婉莹　指导教师：陆轶辰　课程：专业设计（6）

图 2-48　轴测图综合图例（四）
学生：马可　指导教师：张月 苏丹 刘北光　课程：专业设计（4）

功能流线图（图 2-49）。　　　　　　　建筑轴测图（图 2-50）。

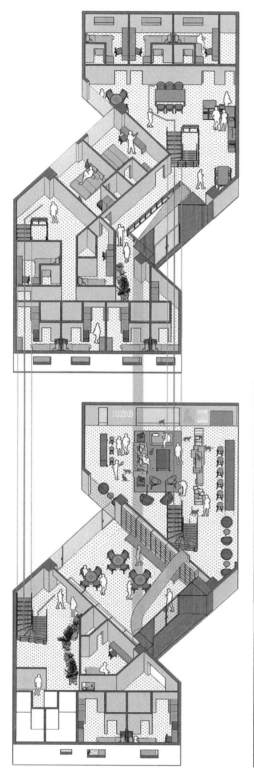

图 2-49　功能流线图
学生：胡新月　指导教师：汪建松 于历战
课程：专业设计（2）设计表达（2）

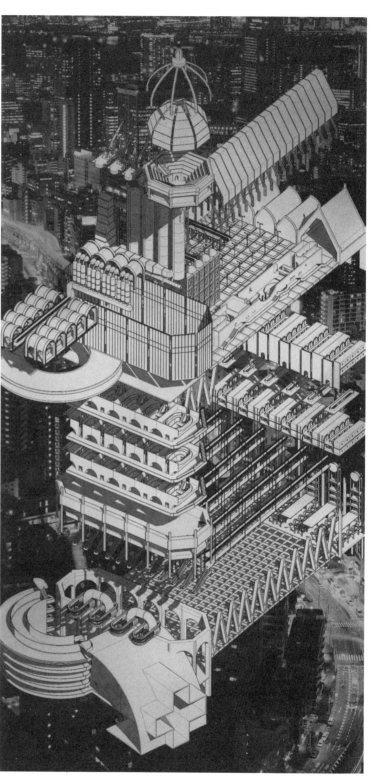

图 2-50　建筑轴测图
学生：王文武　指导教师：梁雯　课程：专业设计（3）（4）

2.1.4 透视图

透视图是基于透视原理将三维空间的形体转换成具有立体感的二维空间画面的图示语言，包括一点透视、两点透视、成角透视、三点透视。它是"空间"与"艺术"元素结合最紧密的图式语言之一，透视图更多的是真实场景与抽象空间的结合体，依托写实场景而进行的意向性空间表现，具有主观性、生动性表达的特点。

透视图类型丰富，表现手法多样。在课程作业中透视图由"场景表现"转化为"理念的空间表达"，从透视角度、位置的选取至空间风格、环境氛围表现，更多的是适应设计构思和空间概念的表达需要。而作为大多数面向工程实践的透视图，细节丰富、场景逼真的透视图依然是主要表达方式。

1. 透视原理

透视图是一种将三维空间的形体转换成具有立体感的二维空间画面的绘图技法，掌握基本的透视制图法则，是绘制表现图的基础（图 2-51）。

作为环境设计经常使用的透视图画法有以下几种：

（1）一点透视表现范围广，纵深感强，绘制相对容易，适合表现庄重、稳定、宁静的建筑室内空间环境。

（2）两点透视画面效果比较自由、活泼，反映空间比较接近人的直接感觉，缺点是如果角度选择不准，容易产生透视变形。两点透视适合表现室内空间、街道和广场空间。

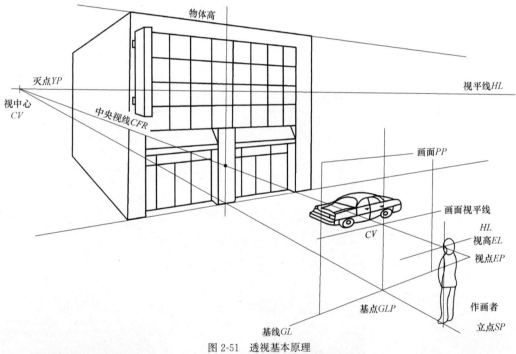

图 2-51　透视基本原理

2. 一点平行透视

（1）这是一种简易的室内平行透视画法。首先按实际比例确定宽和高 ABCD。然后利用 M 点，即可求出室内的进深（图 2-52）。M 点与灭点 VP 任意定。A－B＝6000mm（宽），A－C＝3000mm（高）视高 EL＝1600，A－a＝4000mm（进深）。

（2）从 M 点分别将 1、2、3、4 画线与 A－a 相交，其相交各点 1′2′3′4′，即为室内的进深。

（3）利用平行线画出墙壁与天井的进深分割线，然后从各点向 VP 引线。

（4）如图 2-53（c）的灭点在室内的正中央，为绝对平行透视，因此视觉感稳定。图 2-53（d）的灭点向画面左侧移位，离开正中心为相对平行透视，只要灭点不超过正对立面宽度中间 1/3 范围，视觉感较为稳定，如需要超出，请选用两点透视图法。

图 2-54～图 2-56 为一点平行透视图。

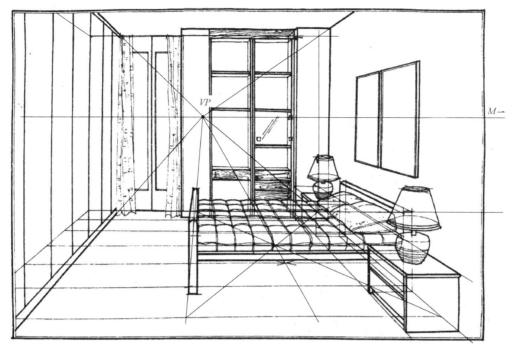

图 2-52 M 点平行透视法

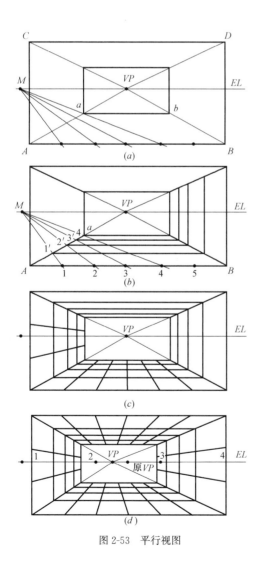

图 2-53 平行视图

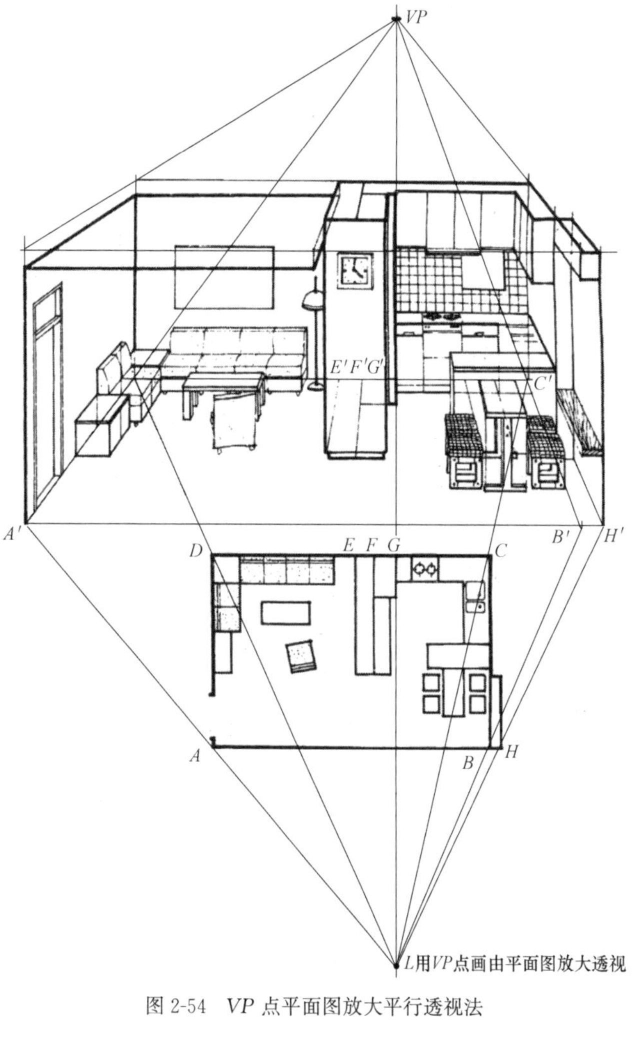

图 2-54 VP 点平面图放大平行透视法

图 2-55　一点透视线图（一）

图 2-56　一点透视线图（二）

3. 两点成角透视

两点成角透视图作图步骤（图 2-57、图 2-58）：

（1）当灭点 VP 超出画面中央 1/3 处时，为避免视觉不稳定感，应修正视觉误差。采用简略两点图法，既可使画面稳定，又能避免画面呆板。先用 M 点求出室内的进深，然后任意定出 VP_1 灭点线。

（2）先求点 1 的透视线。延长点 1 的垂直线，求出 a 点，再作 C 点的垂直线

求出 d 点。再由 d 点画水平线求出 e 点，e 和 1 连接即可得到 1 的透视线。2、3、4 点的透视线由此方法推移。

（3）最后作 5、6、7、8 点的垂直线。

（4）图 2-57（d）的灭点继续向画面左边移动，当灭点离边线过近时，上述方法已不适宜。需采用对角线与中心线分割法求出各透视点。先用 M 点求出室内的进深 $A-a$，再按下列顺序作图：1、2、3、4、5、6、7、8……

图 2-59、图 2-60 为两点成角透视线图。

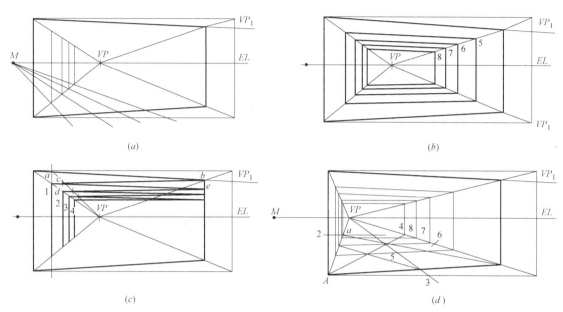

(a)

(b)

(c)

(d)

图 2-57　两点成角透视图（一）

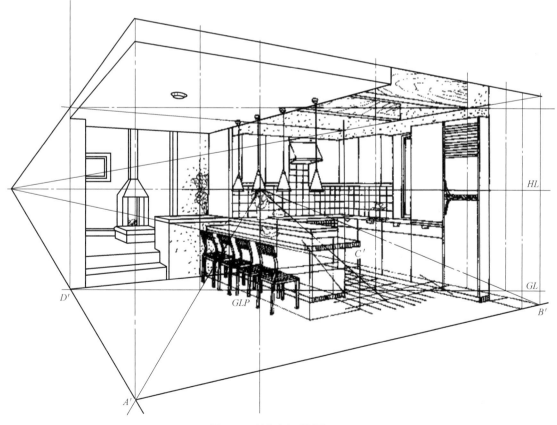

图 2-58　两点成角透视图（二）

图 2-59　两点成角透视线图（一）

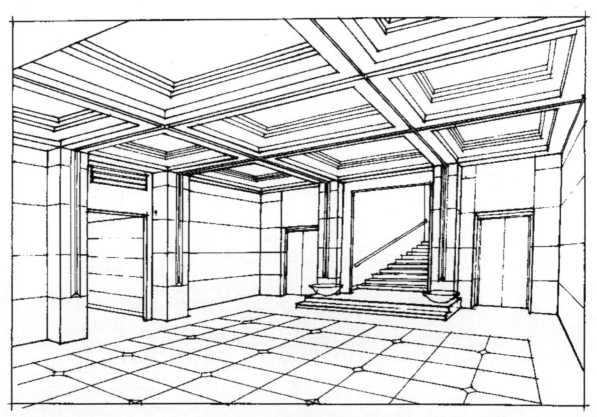

图 2-60　两点成角透视线图（二）

4. 视平线的确定

视平线的高低决定透视图的范围和视觉效果，视平线取值范围一般在 1~3m，

人的正常视平线高度在 1.4~1.7m，在这个范围内的透视效果图更接近正常的人的视觉习惯。当空间较高时可以适当提升视

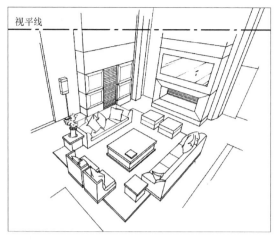

图 2-61　俯视/鸟瞰

平线高度，可以俯瞰空间的整体布局。当视平线降低至1m时，可以更好地表达空间上部的形态、结构，同时带来平稳感、神秘感。

对于设计师来说，视平线的确定是一个非常重要的先期工作。视平线的位置表现了人是近距离站在空间中的某个位置上，还是从远处在看某个物体，预先设想好的视平线是在取景中的第一步。视平线在完成一幅图画的过程中会提供重要的支持（图 2-61～图 2-63）。

同一个空间场景，不同视高所产生的不同（图 2-64～图 2-66）。

图 2-62　平视

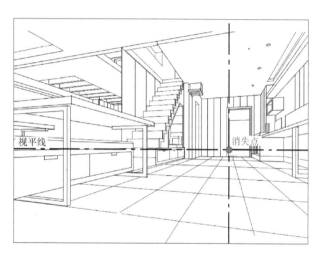

图 2-63　仰视

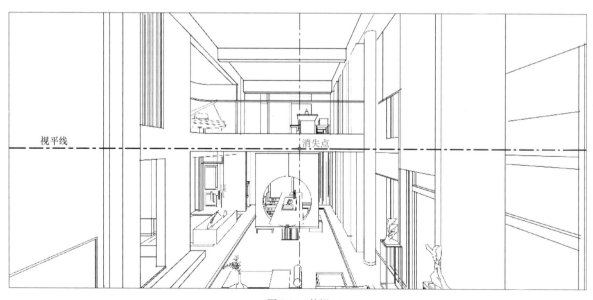

图 2-64　俯视

图 2-65　平视

图 2-66　仰视

5. 视点的确定

视点在不同视角的效果图中有不同的取点范围。在一点透视图中视点控制在正立面中间 1/3 的范围内取点，效果图中的空间形态不易变形。在两点透视图中视点尽量避免对称选取，两个视点距离不应太近，导致空间物体变形。当其中一个视点在画面内时，另一个视点尽量选取在画面之外。画面从左到右，不同的视点对应表达不同的空间，适合表达空间的某个界面的设计（图 2-67～图 2-69）。

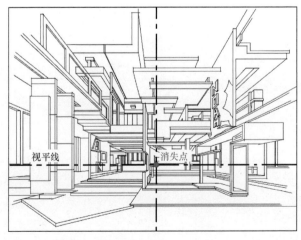

图 2-67　视点在中间

两侧的空间界面同等重要，设计亮点在两侧。强调空间的深度。

图 2-68　视点在左侧

表达的画面强调右侧的空间界面，右侧空间比较重要，设计亮点在右侧。适合于强调一侧的空间界面的情况。表达的空间层次感强。

图 2-69　视点在右侧

表达的画面强调左侧的空间界面，左侧空间比较重要，设计亮点在左侧。适合于强调一侧的空间界面的情况。

6. 视角、视野的确定

在绘制复杂的空间界面和形体关系时，用平面图加以检验，以确定哪些部分从观察者的视点看过去是可见的。进一步说，选择哪些视点，可以把事物的标志性特征表达出来。视点的选择必须考虑人眼的视角在宽度和高度上的限制。清晰的视觉范围对画面在视知觉上的正确性和可信度来说是十分重要的。

视点和合适视角的选择（视野）范围（图2-70、图2-71）。

7.透视图中配景尺度的比例问题

表现图中常见错误之一是空间尺度与配景、人物的比例不协调。因为配景、人的尺度作为相对参考数值可以估算出空间的大小，同时视线的高低也会影响配景与人物在空间的位置。视平线高度在1.2～1.7m的范围属于正常视线，当视平线高度在2m以上属于高视线，配景、人的尺度会显得低矮，图面缺少亲和感；当视平线高度在1.2m以下属于低视线，配景、人的尺度会显得高大。所以不同尺度、不同功能的空间视平线的高度应相应调节，使得配景、人物与空间相协调。

比例控制必要条件有：

（1）视平线的位置，在画面上应明确存在。

（2）视平线相对于地平线的高度值应在记忆中明确。如图2-72中正常视平线高度 h 在平面任意一点上视高都是相等的。

即：$A_1=A_2=A_3=h$。

图2-73为配景实例。

在不同视高情况下人物配景的情况（图2-74～图2-77）。

（3）视平线高1m时（图2-74）。

（4）视平线高1.7m时（图2-75）。

（5）条件比较复杂时（图2-76、图2-77）。

（6）透视图综合图例（图2-78～图2-80）。

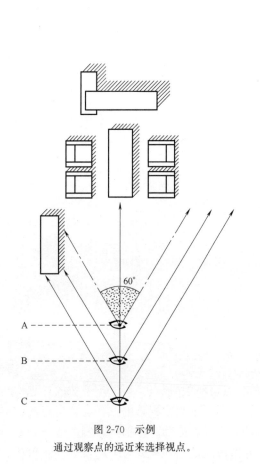

图2-70 示例

通过观察点的远近来选择视点。

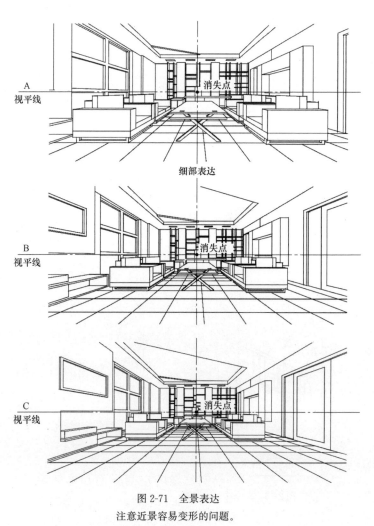

图2-71 全景表达

注意近景容易变形的问题。

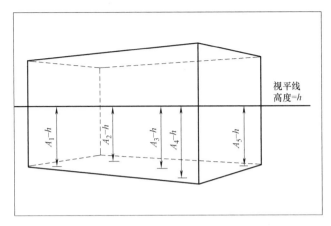

图 2-72 视平线相对于地面的高度

图 2-73 配景实例

图 2-74 视平线高 1m

图 2-75 视平线高 1.7m

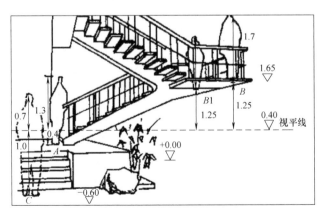

图 2-76 条件比较复杂时（一）
注：图中单位为米。

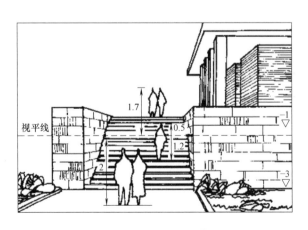

图 2-77 条件比较复杂时（二）
注：图中单位为米。

图 2-78　透视图综合图例（一）

学生：马可　指导教师：张月、苏丹、刘北光　课程：专业设计（4）

图 2-79　透视图综合图例（二）

学生：郑迪文　指导教师：张月　课程：专业设计（3）（4）

图 2-80　透视图综合图例（三）

学生：胡新月　指导教师：汪建松 于历战　课程：专业设计（2）设计表达（2）

2.2 模型

模型是将设计内容等比缩小之后的三维立体展现图示语言，它既是设计过程中的一部分，也是一种设计表达形式，被广泛应用于设计的各个阶段，成为一种设计推敲的手段。

模型通常以三维的方式提供一个更为整体的空间表现，从设计前期的概念构思到设计后期的最终的成果表现，模型可以被运用于设计过程的任何阶段。按一定比例制作的模型，可以帮助设计师在三维形态下，以一种可进入性的方式推进并验证设计构思。与电脑制图及手绘方式相比，模型在操作过程中，能够在各个角度实时显示空间的形态尺度和材料效果。

模型按制作方式分为手工模型、虚拟模型及 3D 打印模型；模型按设计阶段分为概念表述模型、阶段分析模型、成果展示模型；模型按材料分为黏土模型、石膏模型、木制模型、金属模型等。

2.2.1 实体模型

实体模型从表现形式分为静模、助力模型、动模，可以用手工及机器来加工制作。静模物理相对静态，本身不具有能量转换的动力系统，不在外部作用力下表现结构及形体构成的完整性；助力模型以静模为基础，可借助外界动能的作用，不改变自身表现结构，通过物理运动检测的一种物件结构连接关系；动模可通过能量转换方式产生动能，在自身结构中具有动力转换系统，在能量转换过程中表现出的相对连续物理运动形式（图 2-81～图 2-83）。

2.2.2 虚拟模型

虚拟模型分为虚拟静态模型、虚拟动态模型、虚拟幻想模型，用 3D，SU 等数字软件制作。在虚拟模型中通过视角的快速选择实现即时浏览，虽然这些视角会受屏幕尺寸和软件界面的限制，但数字模型能实现对空间的模拟穿越或进入，提供实物模型无法呈现的视角。虚拟模型与手工模型比较，便于修改且可以任意切换空间

图 2-81 金属模型

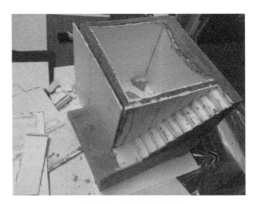

图 2-82 水泥浇筑模型

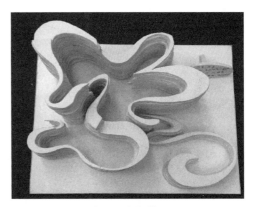

图 2-83 纸板模型

角度，成为设计过程中推敲方案的重要设计手段（图 2-84、图 2-85）。

2.2.3 3D 打印模型

3D 打印即快速成型技术的一种，它是一种以数字模型文件为基础，运用粉末状金属或塑料等可粘合材料，通过逐层打印的方式来构造物体的技术，用此技术来制作模型已经普及。3D 打印通常是采用数字技术材料打印机来实现的，经常制作一些构造复杂的模型，比如曲线形态空间及结构复杂的模型（图 2-86、图 2-87）。

图 2-84　虚拟模型（一）
学生：罗柳笛　指导教师：枯松院　课程：综合设计

图 2-85　虚拟模型（二）
学生：王文武　指导教师：梁雯　课程：专业设计（3）（4）

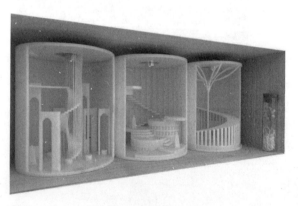

图 2-86　3D打印模型（一）　　　　　　　　　　图 2-87　3D打印模型（二）
学生：张曲悦　指导教师：崔笑声　课程：毕业设计

2.3　基本要素

　　"如果说透视制图法则是透视效果图的骨架。那么素描、速写、色彩等绘画技巧就是它的血肉。一个室内设计师审美修养的培育，透视效果图表现能力的提高，都有赖于美术基本功的训练。准确的空间形体造型能力，清晰的空间投影概念，可以通过结构素描得到解决。活跃的思路，快速的表现方法，可以通过大量的建筑速写得到锻炼。丰富敏锐的色彩感觉，要有色彩知识和色彩（水彩、水粉）写生、记忆默写练习作基础。室内设计师应把素描、

速写、色彩作为自己专业设计基础课程的练习。"引用《室内设计资料集》(张绮曼，郑曙旸，中国建筑工业出版社，1991)

2.3.1 素描基础

素描是造型艺术的基础，也是艺术、设计等学科进行训练的基础课程，而环境设计表现图又是其中重要的表现手法之一。它与绘画艺术表现既有很大的区别，又有一定的联系。由于实际应用的功能性，要求它在表现上不仅要忠实于实际的空间，又要对实际空间进行精炼的概括，同时还要表现出空间中材料的色彩与质感；表现出空间中丰富的光影变化。平面、立面、轴测图中也运用素描进行表达，来体现空间的立体感，二维表达三维(图2-88、图2-89)。

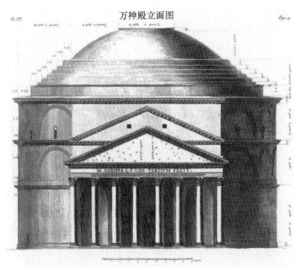

图2-88　素描（一）

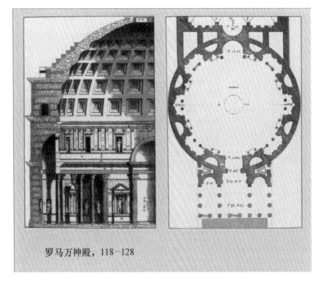

图2-89　素描（二）

在环境设计表现图的几个要素之中，比较重要的就是素描关系。素描是塑造形体最基本手法，其中的造型因素有以下几个方面：

1. 形体的表现

一幅效果表现图是由各种不同的形体来构成的，而不同的形体则是由各种基本的结构组成的，不同的结构以不同的比例结合成不同的形体，这个世界才得以丰富多彩，所以说最本质的东西是结构，它不会受到光影和明暗的制约。人们之所以能认识物体是首先从物体的形状入手的，之后才是色彩与明暗，形是平面，体是立体，两方面相互依存。形体又基本上以两种形态存在着：一种是无序的自然形态；一种是人造形态，而我们可以把这两种不同的形态都还原为组成它的几何要素，所以一些复杂的形体可以以简单几何形体的组合来理解它，把握它。

在表现图中，空间中的物体为实，它的互补为虚形，可以从多方面来掌握其规律。

在室内表现图的素描基本训练中，可以先进行结构素描训练，从简单的几何形体到复杂的组合形体，有机形体。从外表入手，深入内部结构，准确地在二维空间中塑造三维的立体形态(图2-90、图2-91)。

2. 光线的表现

在掌握形体的基础上，为进一步表现空间和立体感就要加入光线的因素。在视知觉中，一切物体形状的存在是因为有了光线的照射，产生了明暗关系的变化才显现出来。因此，形和明暗关系则是所有表达要素中最基本的条件。然后才依次是由光线作用下的色彩、光感、图案、肌理、质感等感觉。光源分为自然光源和人造光源，而室内表现图一般比较注重人造光源的光照规律。不同的光照方式对物体产生不同的明暗变化，从而对形体的表现产生很大的影响。顺光以亮部为主，暗部和投影的面积都很少，变化也较少。

侧光亮部的变化由近向远逐渐变暗，3/4 以上，暗影由近向远渐渐变亮。
而暗影则是由近向远逐渐变亮。

最后是逆光的物体，暗面占物体的

在以上几种情况中正顺光与正逆光使
物体失去立体感。

图 2-90　形体的表现（一）

作者：郑曙旸

图 2-91　形体的表现（二）

在表现图中的物体由于光线的照射会产生黑、白、灰三个大的分面，而每个物体由于它们离光线的远近不同，角度不同，质感不同和固有色不同所产生的黑、白、灰的层次各不相同。如果细分下来物体的明暗可以分成：高光、受光、背光、反光和投影。图 2-92 在作画的过程中，一定要分析各物体的明暗变化规律，把明暗的表现同对体面的分析统一起来。在调子的素描训练中，对空间的明暗变化采取简洁、概括的手法，区分出大的黑白灰关系，体现主体与辅助物体的立体层次关系，加强从大到小整体光线调子的把握能力。

3. 质感的表现

除去色彩的影响，明暗也能表现出物体质感的不同。物体通过质与量来显现。各种物体都有各自特定的属性和特征。例如：柔软的丝织品；玻璃器皿的透明、光洁；棉毛织品、呢绒制品的表面纹理与质地的软硬；金属和各种石材的坚硬沉重；另外，在表现图中由于物体质感的不同在表现上也应有不同的手法。如反光强的物体：玻璃和抛光的金属或石材，对光的反应非常强烈，边缘形状清晰，对比强烈，对周围物体的倒影和反光很强；另外，反光弱或不反光的物体如织物、砖石、木材等外观质感较柔和。因此，准确表现物体的质感对室内表现图来说至关重要。相对于表现图整体来说，个别物体的质感描绘应服从于整体的素描关系，也要分重点与非重点，从而达到艺术表现上的真实（图 2-93）。

(a)   *(b)*   *(c)*

图 2-92　光线的表现

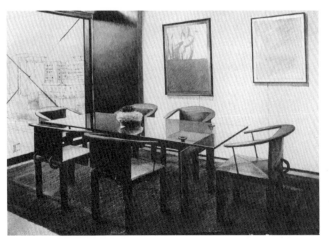

图 2-93　质感的表现

4. 空间的表现

由于自然环境中的空气里有很多种能阻碍光线的微粒，所以随着天气的变化，每天我们视觉上的"能见度"都是不一样的，空气并不是完全透明的。处于空间中的物体产生近处的清晰、远处的模糊；近处的明亮、远处的灰暗；离光线近的物体清晰；离光线远的物体模糊。利用上述这种视觉特征，结合画面的素描关系表达的远近关系即所谓空间感。在表现图中物体与物体、物体与背景之间的关系不仅要利用透视和明暗关系，还要利用人为的表现手法如：哪些物体需要深入刻画，强烈明显；哪些物体需要次要表现，虚淡等（图 2-94～图 2-96）。

图 2-94　空间的表现（一）

图 2-95　空间的表现（二）

图 2-96　空间的表现（三）

2.3.2　色彩基础

色彩在环境设计表达中所占据的位置也是至关重要的，设计师所要表现的空间环境是哪一种色调以及环境中物体的材料、色泽、质感等都需要通过色彩的表现来完成。色彩本身是一个很感性的问题，色彩会影响人的情绪和精神，同时人的性格、心境又会影响人对色彩的感觉（图2-97～图2-99）。

良好的色彩感觉与技巧并不是单纯从理论上就可以学到的，更重要的是通过自身不断的实践去掌握和总结，因而，大量掌握色彩的理论知识和加强专业色彩的训练是解决专业表现技法中色彩问题的重要环节。

1. 色彩的搭配

（1）同类色的调和：同一色相的色彩进行变化统一，形成不同明暗层次的色彩，是只有明度变化的配色，给人以亲和感（图2-100、图2-101）。

图2-97　色彩（一）

作者：陈丰（1996级）

图2-98　色彩（二）

作者：田原（1996级）

图2-99　色彩（三）

学生：杨文浩　指导教师：杨冬江　课程：专业设计（5）

（2）类似色的调和：色相环上相邻色的变化统一配色，如红和橙、蓝和绿等，它给人以融合感，既可以构成平静调和又有一些变化的色彩效果（图2-102）。

（3）对比色的调和：补色及接近补色的对比色配合，明度与纯度相差较大，给人以强烈鲜明的感觉，如红与绿、黄与紫、蓝与橙等（图2-103）。

图 2-100　同类冷色调的调和
学生：吴明（1996级）

图 2-101　同类暖色调的调和
学生：杨潇雨（1996级）

图 2-102　类似色的调和
学生：高亮（1996级）

图 2-103　对比色的调和
学生：张绍文（1996级）

2. 色彩在室内设计中的作用

（1）烘托空间的情调与气氛；（2）吸引或转移视线；（3）调节空间的大小；（4）连接相邻的空间；（5）隔断和划分空间（图 2-104～图 2-109）

3. 色彩在室内设计表达中的运用

图 2-104　色彩在室内设计中的作用（一）
学生：田原（1996 级）

图 2-105　色彩在室内设计中的作用（二）
学生：李玉德（1996 级）

图 2-106　色彩在室内设计中的作用（三）
学生：王雪琳（1996 级）

图 2-107　色彩在室内设计中的作用（四）
学生：田原（1996 级）

图 2-108　色彩在室内设计中的作用（五）

学生：王鹏（1996 级）

图 2-109　色彩在室内设计表达中的运用

（a）（c）（d）学生 廓铠瑜　指导教师：刘铁军　课程：毕业设计

50

透视图中亮色调适合于表现大堂等较为开敞的公共空间，多运用一些明度较高的颜色，特点是明快、清亮。

深色调适于表现舞厅、酒吧等光线较暗的空间环境，能够很好地烘托出主题气氛，多运用一些明度较暗的颜色来表现。

中性色调画面色彩比较柔和，适合于表现居室、客房等居住空间。

冷色调适合于表现办公等各类公共空间，画面主要以冷色为主。

暖色调颜色以暖色为主，画面气氛热烈，使人感觉温暖、舒适，适合于表现餐厅、商场等商业空间。

三视图中加入色彩，可以使三视图的表达更生动，层次更清晰，具有高度可辨性，帮助充分解读设计。

2.3.3 构图

构图指画面的布局和视点的选择，它是透视图的重要组成要素。透视图的构图首先要表现出空间内的重点设计内容，使其在画面中的位置恰到好处。在构图之前要对图纸进行完全消化，选择好角度与视

高，待考虑成熟之后可再做进一步的透视图。

在透视图中的构图有一些基本规律。主体分明，每一张透视图所表达的空间都有主体，在表达的时候要把主体放在比较重要的位置；画面的均衡与疏密，透视图表达的空间内物体的位置在图中不能任意移动而达到构图的要求，要在构图时选好角度，使各部分物体在比重安排上基本相称，画面达到平衡、稳定。

透视图构图有两种取得均衡的方式，即对称的均衡、明度的均衡。对称的均衡，在表现比较庄重的空间透视图时，对称是基本的法则，而在表现非正规、活泼的空间时，构图上要求打破对称，一般情况下画面要有近景、中景和远景，这样会使画面更丰富，更有层次感。明度的均衡，在一幅透视图中，素描关系的好坏直接影响到画面的最终效果。一幅好的透视图中黑白灰的对比面积是不能相等的，黑白两色的面积要少，占画面绝大部分面积的是灰色，画面构图的明度才能均衡（图2-110）。

(a)

学生：王浩阳　　指导教师：刘铁军　　课程：室内设计

(b)

学生：江佩蔚　　指导教师：管沄嘉　　课程：专业设计(4)

(c)

学生：王浩阳　　指导教师：刘铁军　　课程：室内设计

(d)

学生：江佩蔚　　指导教师：管沄嘉　　课程：专业设计(4)

图 2-110　构图

第3章 设计表达技法分类及制作流程

设计表达技法种类丰富，按绘制工具可分为手绘技法和数字技法。在手绘技法中，可分为素描类技法、水粉、水彩、透明水色、喷笔技法、马克笔技法、彩铅技法、色粉技法等；在数字技法中，又可分为 SU、Rhion、3DMAX、VR、LUMI 等技法。随着时代的发展，设计表达呈现出不同的表达方法。20 世纪 70～80 年代及之前都是纯手工手绘表达，随着电脑的普及，设计师开始使用软件进行制图，进行设计表达。现在以及开始流行用软件搭配手绘综合来进行环艺设计的表达。在研究生考试阶段，以及设计初期阶段，多用手绘的形式来表达，手绘技法也可以体现设计师的素养。

3.1 素描类技法

设计表达中图示语言的技法多种多样，黑白表现也是其中的一种。在技法上黑白表现占有很大的比重，别具特色。素描类技法是手绘基础技法，具有独特的魅力。素描类技法可分为铅笔技法和钢笔技法。

1. 铅笔技法

铅笔技法是设计表达技法中历史最悠久的一种。这种技法通过铅笔进行空间、物体的塑造，铅笔技法侧重于排线效果，它源于绘画素描中的体块描绘，通过黑、白、灰排线可以表达空间的形态、结构、光影关系。

铅笔技法工具中，自动铅笔的铅芯有很多型号，0.5mm、0.7mm、0.9mm 比较常用。自动铅笔笔尖纤细，画出的线纤细、清晰，不会越描越粗，常用于精细刻画，细节刻画，适合设计分析草图表达和正投影制图表达（图 3-1～图 3-4）。

素描铅笔有 6B 到 9H 多种硬度的深

图 3-1　自动铅笔（一）

图 3-2　自动铅笔（二）

图 3-3　专业素描铅笔

浅变化，6H 到 H 的铅笔硬度适合正投影制图表达，2H 到 6B 的铅笔适合设计草图、透视图的表达。素描线的排布可以分为平行排布、交叉排布、渐变排布等（图 3-5），铅笔排线（图 3-6）、铅笔排线渐变（图 3-7）。

铅笔技法设计草图表达（一）（图 3-8）。

铅笔技法设计草图表达（二）（图 3-9）。

铅笔技法建筑写生表达（图 3-10、图 3-11）。

铅笔技法透视图表达（图 3-12）。

铅笔技法轴测图表达（图 3-13）。

图 3-4 自动铅笔笔芯

4H-B铅笔 一般用于 处理画面细节 高光部分等		3H
		2H
		HB
		B
2B-5B铅笔 可用于画面 灰部塑造/后期调整		2B
		3B
		4B
		5B
6B-14B铅笔 根据个人使用喜好 多用于画面前期 如大面积铺色块		6B
		8B
		10B
		12B

图 3-5 素描线的排布

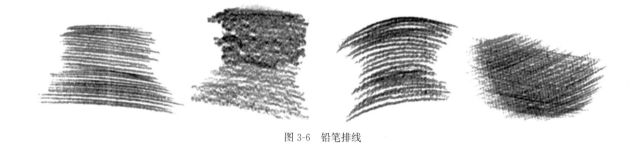

图 3-6 铅笔排线

图 3-7 铅笔排线渐变

图 3-8　铅笔技法设计草图表达（一）

安藤忠雄，大版府立近飞鸟博物馆草图。

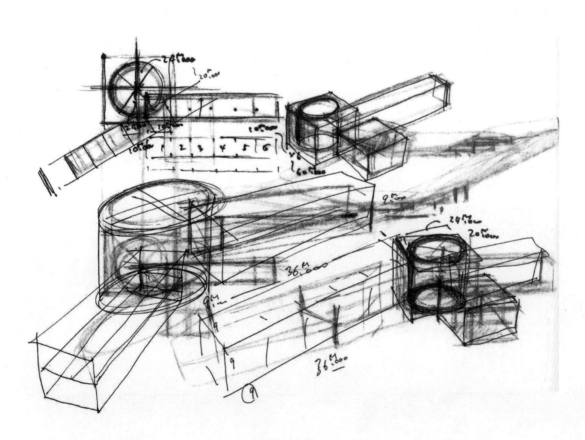

图 3-9　铅笔技法设计草图表达（二）

安藤忠雄，贝尼斯之家草图。

图 3-10 铅笔技法建筑写生表达（一）

学生：周晓（95 级）

图 3-11 铅笔技法建筑写生表达（二）

图 3-12 铅笔技法透视图表达

图 3-13 铅笔技法轴测图表达

学生：张龙怡（96 级）

2. 墨线技法

墨线技法是指使用绘图笔、会议笔、钢笔等绘图工具绘制的技法（图3-14～图3-16）。墨线画法严谨，绘制肯定，不易修改，在透视图技法中，墨线技法主要以各种线条的排列和组合产生不同的效果，线条技法可以叠加，注意方向、曲直、长短、疏密的变化。在透视图中墨线技法以线的形式绘制空间、物体轮廓，多用线和点的叠加表达空间层次。细部刻画和面的转折都能做到精细准确，墨线技法是绘制透视图必须掌握的基础技法，在透视图中陈设、人物、绿化等配景的线条刻画，更能体现出墨线线条技能，墨线技法适用于快速的草图表现。

绘图笔是一种绘制专业制图的工具，绘图笔按照墨水属性可以分为水性绘图笔和油性绘图笔。常用的型号有0.1、0.3、0.5、0.8等有不同的粗细之分，可分别画出粗实线、中实线、细实线、虚线，使得画面更有层次感，图面也更加细腻、美观（图3-17、图3-18）。

图3-14　一次性绘图笔　　　　图3-15　会议笔　　　　　　　图3-16　钢笔

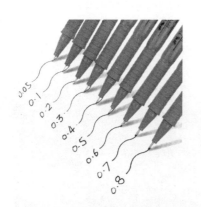 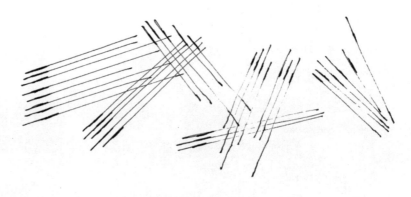

图3-17　绘图笔（一）　　　　　　　　　图3-18　绘图笔（二）

会议笔是水性笔，它是比较常用的手绘笔，经常与马克笔进行搭配。它的最大特征是笔头具有弹性，线条流畅。随着使用者的用力大小，可以控制调节线条的轻重、粗细，使画面的表达有深有浅，虚实结合。会议笔的线条松弛有度，具有张力，适合细节的刻画（图3-19）。

钢笔技法在表现形体的时候，应注意

表现对象的物理特征，物体的材质分光滑、粗糙、坚硬、柔软等，在表现的时候要注意加以区分。要有意识地去表现，如坚硬的物体用线必然会挺直，柔软的物体用线较为圆滑和飘逸。另外，线条的抑、扬、顿、挫也是主观情感的表达。要学会慢慢地培养这种感觉，让线条本身就具有感情色彩（图3-20），墨线技法（图3-21～图3-25）。

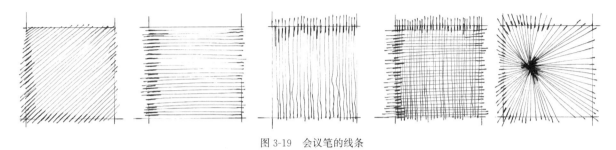

图 3-19　会议笔的线条

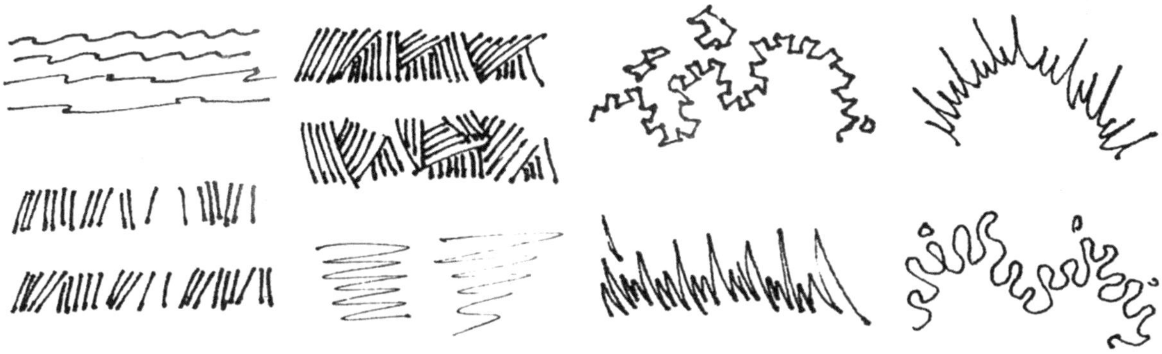

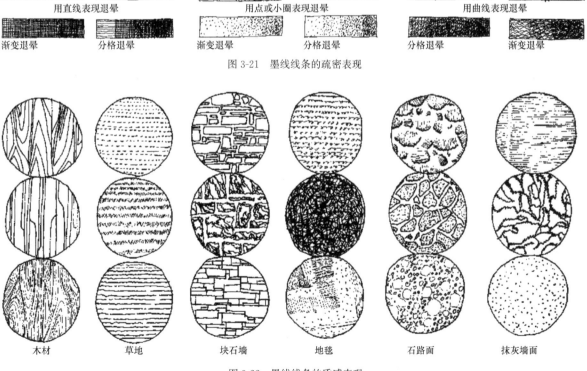

图 3-20　钢笔技法

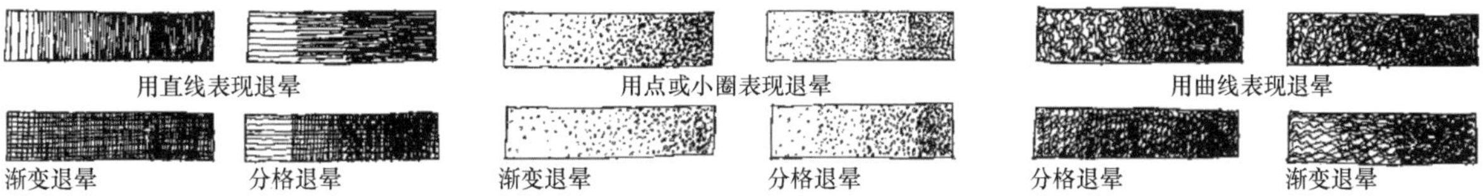

用直线表现退晕	用点或小圈表现退晕	用曲线表现退晕
渐变退晕　分格退晕	渐变退晕　分格退晕	分格退晕　渐变退晕

图 3-21　墨线线条的疏密表现

木材　　草地　　块石墙　　地毯　　石路面　　抹灰墙面

图 3-22　墨线线条的质感表现

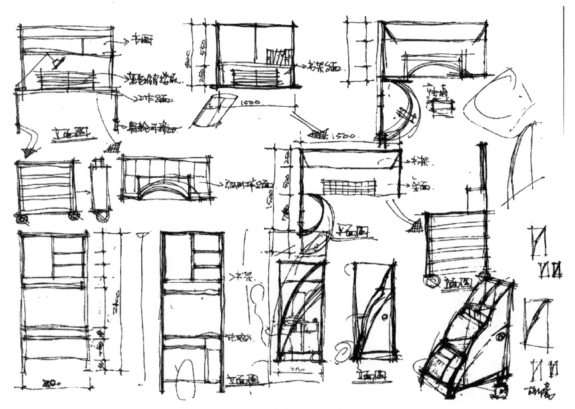

图 3-23　墨线技法平面图表达

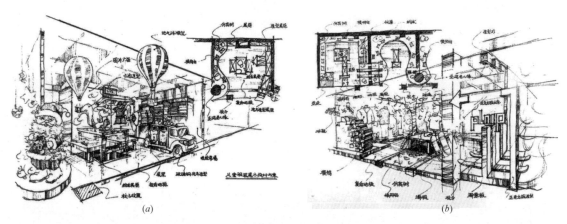

(a)
(b)

图 3-24　钢笔技法设计透视图表达

图片来源:《手绘效果图表现技法》,辽宁教育出版社。

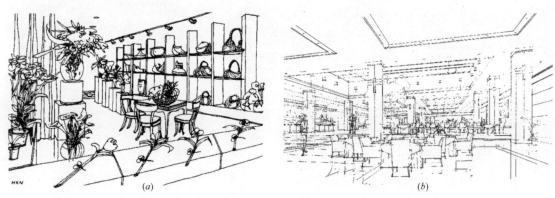

(a)
(b)

图 3-25　墨线技法透视图表达

3.2 水粉、水彩、透明水色、喷笔技法

水粉、水彩、透明水色、喷笔都属于手绘传统技法，它们的总体特点是绘画性比较强，适合设计表达的初期练习，培养学生的手绘基础技法。根据不同颜料的特性，在技法上可以单独使用，也可以综合使用。

1. 水粉

水粉属于矿物质颜料。水粉画的特点是覆盖力很强，能很精细地表达所设计的室内空间，包括室内气氛、物体光感、质感充分表达。一幅优秀的室内设计透视图应是科学性和艺术性相统一的产物。在画图时，有人过分夸张地使用色彩，目的是要绘制出缤纷的画面来，这往往会使人感觉到失去真实感，而带来一种不自然的感觉。绘画中所谓虚实变化的手法，在室内透视图中也适用，画面要有主次，有重点，有良好的衬托。在绘画技巧上应注意干湿结合，薄厚结合，虚实结合，笔触应注意疏密结合（图3-26）。

2. 水彩

水彩颜料属于矿物质颜料，最基本的特点是颗粒细腻而透明，介于水粉和透明水色之间，色彩浓淡相宜，绘画表现技巧丰富，画面层次分明，适合表现结构变化丰富的空间环境。渲染是水彩表现的基础技法，有平涂、叠加、退晕等手法。不仅有单色的晕变，也有复色的晕变，不仅色彩丰富，还表现了光感、透视感、空气感，显得润泽而有生气，这是渲染的表现效果。传统渲染技法结合现代水彩画中水洗、留白等绘画技巧，它的优点是省时、画面效果醒目（图3-27）。

(a)

(b)

图 3-26 水粉画

(a)

(b)

图 3-27 水彩画

3. 透明水色

透明水色属于化学颜料，技法的优点是画面色彩明快，空间造型的结构轮廓表达清晰，适用于快速表现。它可以在较短的时间内，通过简便、实用的绘图方法和绘画工具，来达到最佳的预想效果。20世纪90年代在工程设计和投标中，都需要掌握一种快速的透视图技法，以争取在有限的时间内取得方案优选的主动权，透明水色技法正好符合这些要求，因而广受欢迎。一张成功的透明水色透视图，它所依赖的条件是准确、严谨的透视和较强的绘画功能。由于透明水色属于透明性较强的颜料，因而准确生动的透视显得格外重要，透视稿一定要拷贝到干净的绘图纸上，以免着色时出现水印、油点或涂不匀等现象，颜料采用国产瓶装的水色颜料即可（图 3-28）。

4. 喷笔

喷笔作为一种传统的绘制工具，其工作原理完全不同于其他绘画工具，工作时通过气泵的压力，用喷出的气体带动事先加到笔内的颜色，再由气阀的人为控制或大或小地喷出雾状的色彩颗粒，以至能达到深浅自如、刻画细腻的效果。喷笔技法的表现方式也不同于笔绘方式，它的"笔"无法定下固定的笔宽，所以用以遮挡的胶膜、卡片等物品是"画"喷笔画所不可缺少的辅助"工具"。以往用板刷绘制大面积的底色，用喷笔可直接完成，在材料表达上可以达到写实的地步，如表现柱面、曲面的细微颜色过渡，金属、织物、石材、皮革等材料的刻画，在不同色彩的过渡控制上，以及大气雾化、镜面、光线等的表达是喷笔技法的优势（图 3-29）。水粉、水彩、透明水色、喷笔技法图例（图 3-30）。

 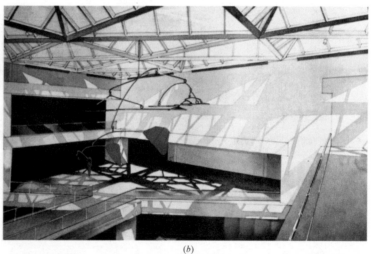

(a)　　　　　　　　　　　　　　(b)

图 3-28　透明水色画

(a)　　　　　　　　　　　　　　(b)

图 3-29　喷笔画

(a) 水粉技法

(b) 透明水色技法

(c) 喷笔技法

(d) 透明水色、水粉技法

(e) 透明水色技法

(f) 水彩技法

(g) 喷笔技法

图 3-30　水粉、水彩、透明水色、喷笔技法图例

3.3 马克笔、彩铅、色粉技法

马克笔、彩铅、色粉都是传统的绘制工具，它们经常一起使用，在短期的设计课程、考研快题设计、设计初期阶段的表达上具有优势。

1. 马克笔

马克笔是一种速干、稳定性高的绘制工具，具备完整的色彩体系，马克笔分为油性和水性两种。油性马克笔色彩不溶于水，光亮透明，在光滑的纸面表现可以充分发挥其笔触变化的特点。水性马克笔色彩与水可以融合，画起来比较自由，与彩色铅笔、水彩的相容性也很好，适合在绘图纸上表现（图3-31）。

马克笔有不同类型的笔头产生不同的绘制技法，绘制的速度也会使马克笔颜色产生

变化，马克笔适合不同色彩的叠加，马克笔绘出的色彩不易修改，着色过程中需注意着色顺序，一般是先浅后深。绘制时可以徒手也可以借用尺规，马克笔是快速表现技法中比较常用的绘图工具（图3-32）。

直线和直线的排列技法是最难把握的，注意起笔和收笔力度要均匀，下笔要果断，笔头要均匀接触纸面，运笔过程中不要抖动；横线和竖线的垂直交叉技法可以表现一些笔触的变化，来丰富画面的层次和效果，注意颜色叠加时第一遍干后再画第二遍，否则颜色会溶在一起，导致画出没有笔触的轮廓；点状笔触和组合笔触技法多用于树叶、花草的表达，一些粗糙的材质表达也会用到，注意运笔灵活，不要拘泥于一个方向运笔。

马克笔笔头用法及技法见图3-33~图3-35。

  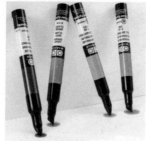 

(a) 油性马克笔　　　　(b) 水性马克笔　　　　(c) 油性马克笔　　　　(d) 水性马克笔

图3-31 马克笔

(a)　　　　　　　(b)　　　　　　　(c)　　　　　　　(d)

尖头：可用来勾线、描边、刻画空间细节，上色灵活。

斜方头：可用来大面积润色，不同角度画出的笔触不同，可以塑造空间不同位置，富有变化。

子弹斜方头：可用来大面积润色，常用宽头表现笔触。有独特的扫笔拖尾效果，拖尾处会出现飞白，可以很好地画出物体面与面及空间中的渐变效果，笔触细腻，质感的表现很真实。

楔形斜方头：可用来大面积润色，水分充足，笔触细腻、柔和，铺色均匀，有类似水彩的晕染效果。它也适用于铺面的底色，画软装布艺、景观树的表现。

图3-32 马克笔笔头

(a) 用马克笔尖画线　　(b) 用马克笔尖画线　　(c) 用马克笔宽笔头平稳排线　　(d) 用马克笔宽笔头扫笔

图3-33 马克笔笔头用法示范

图 3-34　马克笔技法图例（一）

(a)

(b)

图 3-35　马克笔技法图例（二）

学生：周志慧　指导教师：刘铁军　课程：设计表达

64

2. 彩铅

彩铅技法是用彩色铅笔绘制的一种传统手绘技法，绘画形式介于素描和色彩之间，彩铅绘制比较方便、快捷。彩铅种类有水溶性和油性两种。水溶性彩铅笔芯质较硬，色彩明快，可干画也可湿画，湿画通过控制水量实现丰富的颜色变化，呈现水彩的轻盈通透。蘸水进行晕染，可画出深浅不一的渐变颜色，画面更有层次；油性彩铅芯质较软，色彩艳丽不溶于水，画出的线条细腻、顺滑，更易于叠色，可以实现鲜艳写实的色彩效果。彩铅技法可以表现出较为通透的质感，彩铅技法多用于草图阶段。彩铅排线技法可以绘出密排的色块，利用排线的重叠产生更多的色彩变化，彩铅技法应注意避免使用色彩种类太多或描绘遍数太多导致画面出现脏乱的问题（图 3-36）。

3. 色粉

色粉技法是用色粉笔绘制的一种传统手绘技法，色粉是粉质、块状的固体色彩颜料，具备完整的色彩体系。色粉技法有涂、抹、揉等，将不同颜色的色粉混合，表达手法具有较强的感染力，可以充分表达空间气氛、物体光感、肌理质感。色粉有薄画法和厚画法，在快速表达中色粉的薄画法可以制造整体空间色调与空间光影关系（图 3-37）。

色粉技法图例（图 3-38）。

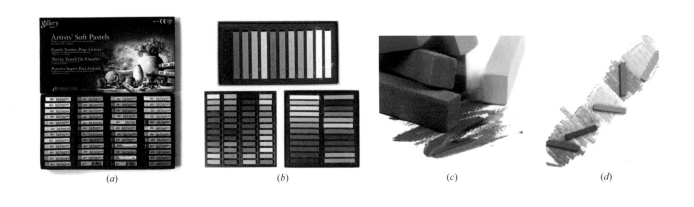

(a)   *(b)*   *(c)*   *(d)*

图 3-36　色粉技法

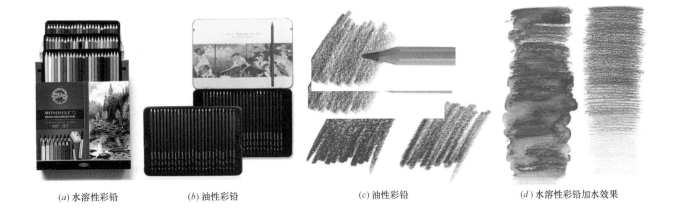

(a) 水溶性彩铅   (b) 油性彩铅   (c) 油性彩铅   (d) 水溶性彩铅加水效果

图 3-37　彩铅技法

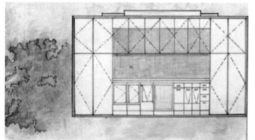

(e) 断面图

李达鸿(美2006)　　　(g) 彩铅鸟瞰图

(f) 彩铅平面图

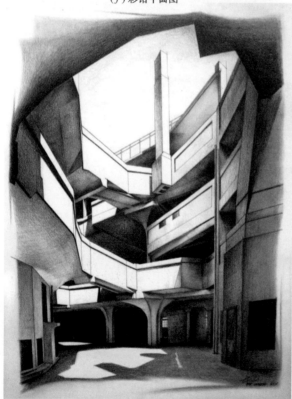

(h) 彩铅效果图

(i) 彩铅效果图

图 3-37　彩铅技法（续）

(a)

(b)

(c)

(d)

(e)

图 3-38　色粉技法图例

4. 马克笔、彩铅、色粉综合表达图例　　（图 3-39）

图 3-39　马克笔、彩铅、色粉综合表达技法

3.4　数字技法

数字技法是借助计算机专业绘图类软件与图像编辑软件制作完成设计图的设计表达技法。

近年来，数字技术的不断发展对环境设计领域产生了较大的影响。计算机设计图作为数字时代体现设计理念和意图的重要手段有着丰富的特点以及内容。随着计算机硬件设备不断的更新换代和软件产品的逐步升级，计算机以其便捷、高效成为现代人类社会生活、工作中不可或缺的重要组成部分。主要内容包括平面图、数字模型、透视图、轴测图、爆炸图、剖面图和分析图等多种设计图示语言。同时基于计算机操作可以完成多次的设计修改，为传统的设计带来了革新性的变化，也很好地迎合了设计师日益提升的需求。

计算机软件有其强大的优势，便捷的复制功能，可以自动生成三视图、轴测图、透视图等。计算机设计图更因其准确的、真实的空间表达效果，多样的艺术表现风格而成为现今环境设计领域最常用的设计图示语言。

随着计算机设计图技术的日臻成熟，计算机设计图的应用越来越广泛，在制作过程中，把相关软件的配合有机地联系在一起，来完善设计师的创作意图，为此有必要对它们的功能和特点作大概的介绍。

制图软件有 AutoCAD，建模软件包括 SketchUp、3DMAX、Lumion 等可制作数字模型，图像编辑软件包括 PS、AI 等可以编辑图片，Lightscape、VR 等软件可以渲染空间光影与氛围。

1. AutoCAD

AutoCAD 具有悠久而独特的历史。

AutoCAD 首次发行是在 1982 年。Auto-CAD 是开放式结构的通用专业绘图系统，用户可以根据需要进行扩充和修改 Auto-CAD 功能，能最大限度地满足用户的特殊要求。AutoCAD 作为计算机辅助设计软件，具有强大的平面绘图功能及三维建模功能，能够绘制标准平面图、平面布置图、建筑施工图。应用行业广泛，包括建筑设计、室内设计、机电工程、土木工程及产品设计领域。

通过 AutoCAD 绘制的平面图、立面图、剖面图、轴测图，转化成矢量图，通过 AI、PS 软件的二次绘制添加色彩（图3-40）。

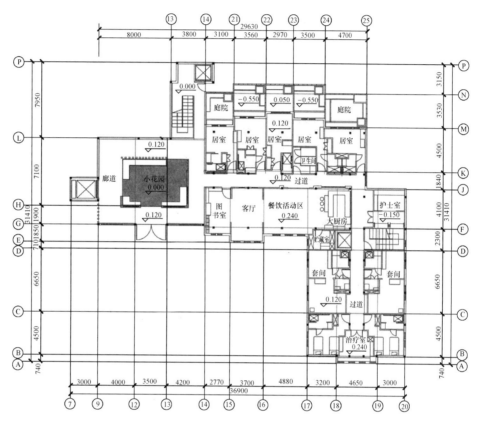

图 3-40 采用 AutoCAD 绘制的平面图

2. 3D Studio MAX

3D Studio MAX 是 Autodesk 公司推出的计算机图形设计软件，它广泛应用于三维图形图像设计、动画制作中。其超强的三维建模工具、完美的材质编辑功能、逼真的环境制作介质渗透到整个系统的动画功能、强大的网络渲染功能等，形成了一个强大的设计制作平台。而它的调整参数设置的制图方式，可以对文件进行反复、能动地编辑，从而方便、准确地实现设计师的最终创作意图，为设计提供极好的展示手段（图 3-41）。

3. Photoshop

Photoshop 是由 Adobe 公司于 1990年推出的首屈一指的大型图像处理软件。它功能强大，操作环境简捷、自由，拥有变幻无穷的滤镜功能，支持众多的图像格式。Photoshop 主要用来处理位图图形，广泛用于对图像进行效果制作及对通过其他软件制作的图形做后期效果加工。随着版本的不断更新，新功能的增添，应用领域也越来越宽广，使其确立了在图像处理软件中的龙头地位（图 3-42）。

4. Lightscape

Lightscape 是一个融合了光能传递（Radiosity）和光影跟踪（Ray Trace）两种渲染方法为一体的创建精确三维渲染图的应用软件。Lightscape 有很多独特的高级渲染技术，可精确模拟环境中光源的光学性质，从而得到其他渲染软件无法达到的真实模拟客观世界的全三维的渲染结果。同时它能够通过人机交互界面灵活修改光源和材料，根据设计和任务的要求对最终图像结果进行精确地控制（图3-43）。

图 3-41　采用 3D Studio MAX 绘制的图

图 3-42　采用 Photoshop 绘制的图

图 3-43　采用 Lightscape 绘制的图

5. SketchUp

SketchUp 软件主要是为设计师自己设计的一款软件，能快速地表现空间形体、材质和色彩的关系。3DMAX 主要是以体、块来建模，而 SketchUp 建模方式主要是以面为主，这比传统 3DMAX 而言更显得方便、快捷。此外，SketchUp 没有灯光渲染功能，它只能展现一般的空间关系，在设计师推敲设计的阶段起重要的作用。把 CAD 文件直接导入 SketchUp 里，再进行拉伸、建模，SketchUp 模型也可以转化为 3DMAX 文件，进行后期灯光处理，另外与 SketchUp 配套使用的还有 Parinisi 和 Artlantis 软件（图 3-44）。

6. Lumion

Lumion 是一款实时的 3D 可视化软件，可以用来制作电影和静帧作品，涉及的领域包括建筑、规划和设计传递现场演示。Lumion 的强大就在于它能够提供优秀的图像，并将快速和高效工作流程结合在一起。人们能够直接在自己的电脑上创建虚拟现实。通过渲染高清电影比以前更快，Lumion 大幅降低了制作时间，视频演示可以在短短几秒内就创造惊人的建筑可视化效果（图 3-45）。

另外，在计算机绘图、图像编辑软件领域中流行的还有：功能强大的矢量绘图软件 Illustrator、CorelDraw；计算机美术绘画软件 Painter；三维动画的制作软件 Maya、Softimage；建筑、室内三维效果设计软件 3D Studio/VIZ；基于造型的三维机械设计软件 Solid Works；功能强大的工业设计软件 Rhino 等，还有国内软件公司在 CAD 软件平台上开发的圆方、天正等专业绘图软件。

计算机表现图在造型、材料、空间等方面为设计师推敲设计方案提供了便利。设计师能在计算机的帮助下将自己的艺术修养和专业知识发挥到极致。一幅真正优秀的计算机表现图，是高水准的设计与娴熟的专业绘图软件操控技能的结晶。

7. 计算机综合表达技法（图 3-46）

(a)   (b)

(c)   (d)

(e)   (f)

图 3-44　采用 SketchUp 绘制的图

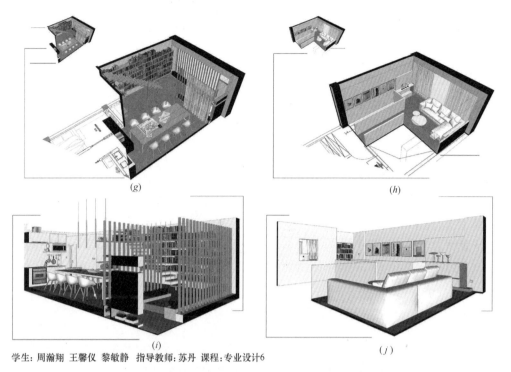

(g)　　　　　　　　　　　　　　　(h)

(i)　　　　　　　　　　　　　　　(j)

学生:周瀚翔 王馨仪 黎敏静　指导教师:苏丹 课程:专业设计6

图 3-44 采用 SketchUp 绘制的图（续）

图 3-45 采用 Lumion 绘制的图

(a)

学生：耿滋遥　指导教师：于历战　黄艳　课程：专业设计(6)

THE DAUGHTERS OF MILTON

(b)

(c)

(d)

(e)

学生：马可　指导教师：黄艳　杜异　管沄嘉　课程：专业设计(6)

学生：江佩蔚　指导教师：管沄嘉　课程：专业设计(4)　　　*(f)*

图 3-46　计算机综合表达技法

3.5 模型技法

模型的材料包含面性材料及线性材料，材料特性有硬、软、弹性的区分。要充分掌握材料的可塑性能，选择适合的模型材料。

不同设计阶段的模型所要表达的内容，导致模型材料的选择与模型的制作方法的差异，制作充满细节的成果模型和前期概念展示模型会选用完全不同的材料。成果模型常倾向于对设计构思所包含的材料质感和细节尺度进行展示，近乎反映建筑的实际完成效果。而纸板、木材和泡沫类材料制作的模型，更适宜表现概念性展示模型。

为了保证模型效果的整体统一，往往选择质感和色彩协调度较好的不同材料代替真实项目选定的材料，注重模型材料的结构性与真实空间的关联。比如，用半透明的磨砂塑料板代表水体，有一定反光度的板材代替实际的金属材质等。一个整体设计模型的制作，不宜选择过多种类的材料，以一种或两种材料为宜，保证模型设计整体的统一性与美观性（图3-47）。

(a) PVC板　　(b) 瓦楞纸板　　(c) 薄瓦楞纸　　(d) 灰、黑卡纸

(e) ABS板　　(f) 中密度薄板　　(g) 亚克力厚板　　(h) 亚克力薄板

(i) ABS方管材　　(j) ABS圆线材　　(k) ABS圆管材　　(l) 牙签

(m) 木质线材　　(n) 木质线材　　(o) 有机玻璃管材　　(p) 细竹线材

图 3-47　模型设计

在建造一个模型时，首先确定空间比例和尺寸，然后再进行精确的组装，利用完善的平面图、剖面图和立面图作为制作模型的蓝图。

1. 材料厚度

在模型的制作过程中，每种材料都需要考虑厚度。应仔细考虑两个面的接缝是不是相似的材料。比如，要根据想要的材料在边缘暴露的方向考虑边角接合处的情况。材料的尺寸将会影响组装，切割模型的组成构件时应该考虑这一点。测量两次，切割一次，精确的测量和彻底思考模型的制作过程有助于制作优质而精确的模型。不同的材料可能需要不同的连接条件。泡沫板能用于转角处的斜接，硬纸板跟椴木常用于对接，为了准确地测量材料需要理解接口的位置。

2. 辅助工具

制作模型的胶水经常使用白胶，如木胶或者工艺胶，在建筑工作室和办公室常常用到（图 3-48）。胶最好用最少的量，这样能减少胶粘处的清理时间和干燥时间。把一团胶置于硬纸板的碎片上备用，当把它用于粘贴材料时，能缩短胶合的时间。用一个小木钉或者手指把胶涂于边缘的表面。拖拉涂胶机，使它平稳地经过材料边缘。沿着边缘，不要涂太多的胶，只要最小量就够了。把涂过胶的材料合在一起，让连接处干燥。施加压力使接缝粘合。临时紧固件或者制图胶带可以用来固定元件，特别是在粘合复杂的结构时。

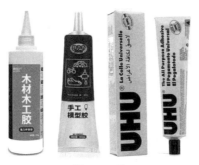

图 3-48　胶

砂纸是必不可少的工具，当使用木材时，用砂磨块清理连接处和材料的表面是至关重要的（图 3-49）。砂磨块可以是用砂纸包裹的矩形木块。砂磨块使你避免把材料的边缘处磨圆。沿着纹理的方向打磨，一般来说，可以使结合处无缝隙并减少残留胶水的影响。垂直于纹路的打磨会留下刮痕。不要用打磨的方法把过长的材料变短。把边缘打磨圆，会破坏切割的清晰边缘。如果一个材料太短了，重新切割一次，打磨只用来清理断口。

图 3-49　砂纸

3. 配景

周围环境被认为是充塞于模型周围的额外的辅助或支持因素。它可能包括树木、灌木丛、人和车。周围环境是模型中具有挑战性的一部分，因为它在写实性和展示性之间摇摆。树木可以用很多方式抽象地表示出来：木钉、绞合线、干满天星或野花。避开真实的树木使得建筑成为最突出的元素，周围环境是辅助信息，因此，应保持模型的颜色对比和亮度。如果一个模型完全用石灰木制作，然后搭配上绿树，那么这些绿树将成为模型的主导。在考虑环境的表现时，尺度也是一个很重要的因素。周围环境的抽象性是需要在保持各种尺度的基础之上进行的（图 3-50）。

4. 面性模型材料

重量轻、易于手工切割的纸板，或许是实体模型制作的"万能"材料。纸板颜色一致，质地均匀，厚度种类多。表面平滑或带有一定纹理褶皱的纸板材料，可以用于表现建筑的墙体、屋顶、地面和周边环境建筑等各个方面。泡沫板轻质且具有多种厚度，因其操作简便、体块感强、易塑形的特点，较适宜前期概念展示、设计过程中的形态推敲及后期的环境建筑表达，比如简单的几何形态推敲、具有高差的地形表现、环境建筑的体块表现等，也比较适用于制作大模型。

木材、瓦楞纸板是适用范围较广，质感色彩表现效果温和的材料。木质材料可以与很多其他类型材料组合使用，能胜任从空间构造细节到整体城市场景表现的各个方面。而且，木材本身也具有多种不同的色彩和纹理，常用于同一空间不同界面材料纹理的效果表现中。瓦楞纸板表面形态呈凹凸状，这张特别的肌理可以带来不同的视觉效果。

纸板、泡沫板、木材、瓦楞纸板等模型材料见图3-51。

图 3-50　配景
学生：孟昭　指导教师：崔笑声　李飒　课程：专业设计（1）设计表达（1）

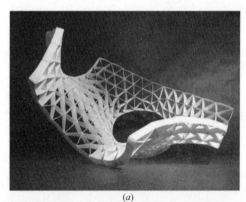

(a)

学生：孟昭 吴聘 伍汶奇 朱奕安 吴佳芮 陈卓颖 刘德政
指导教师：陆轶辰　课程：参数化设计

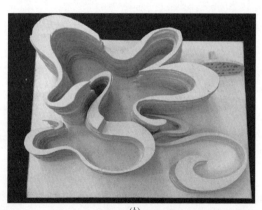

(b)

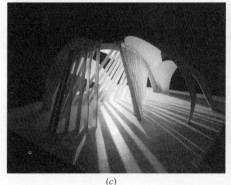

(c)

(d)

图 3-51　纸板、泡沫板、木材、瓦楞纸板等模型材料
（b）（c）（d）指导教师：刘铁军　课程：三维造型基础（2）

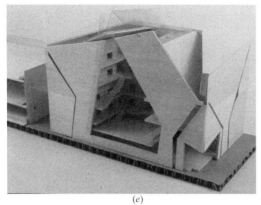

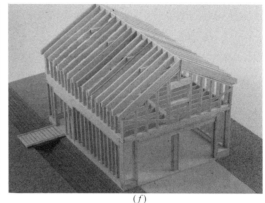

(e)　　　　　　　　　　　　　　(f)

图 3-51　纸板、泡沫板、木材、瓦楞纸板等模型材料（续）

　　金属材料中的铝板和钢材构件是常用的金属材料，恰当运用会使空间具有独特表现力。尤其在表现工业建筑等某些类型的设计项目时，能够出色地表现结构的美感及质感。但手工切割有一定困难，该类材料更多用于最终的成果模型表现中，而设计的过程性操作中运用较少。

　　纸黏土是黏土的一种，以纸浆混合树脂和黏土制成，可塑性强，价钱较其他黏土便宜，与面土、陶土等同属常用的捏塑素材。通过加水、手捏和使用各种工具后，纸黏土会变成不同的形状，但在干透以后便不能再令其形状改变。纸黏土一般用于制作设计前期的草模等。

　　石膏是一种粉状矿物质材料，是主要化学成分为硫酸钙（$CaSO_4$）的水合物。石膏模型通过浇筑法来完成，可用于空间或物体的体块模型表达。

　　透明材料分为透明和半透明磨砂两种类型，能够表现空间的玻璃界面及场地的水体元素，有时也会制作整体模型以体现特定的设计构思。因其透明的材料特性，尤其是配合自然或人工光源使用时，能表现独特的界面光泽和空间光影效果。

　　各种材料做成的模型见图 3-52。

　　5. 线性材料模型（图 3-53）

　　线性材料有铁丝、细竹线材、牙签、亚克力线材、透明圆管、塑料线材等多种，线性材料制作的模型可以展示多样性的空间及结构。

　　线性材料的可塑性强，能塑造各种复杂造型，如曲面造型、异形造型等。结构上也可不断创造，使设计新颖多变。

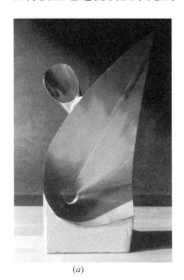

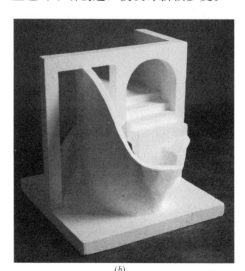

(a)　　　　　　　　　　　　　　(b)

学生：胡淼　指导教师：崔笑声　梁雯　李飒　课程：专业设计(1)

图 3-52　各种材料做成的模型

(c)

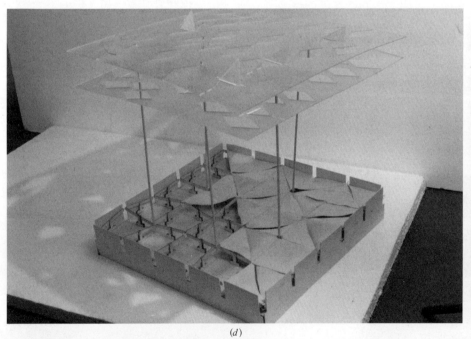

(d)

(e)

学生：胡淼　指导教师：崔笑声　梁雯　李飒　　课程：专业设计(1)

学生：胡淼　指导教师：崔笑声
梁雯　李飒　课程：专业设计(1)

图 3-52　各种材料做成的模型（续）

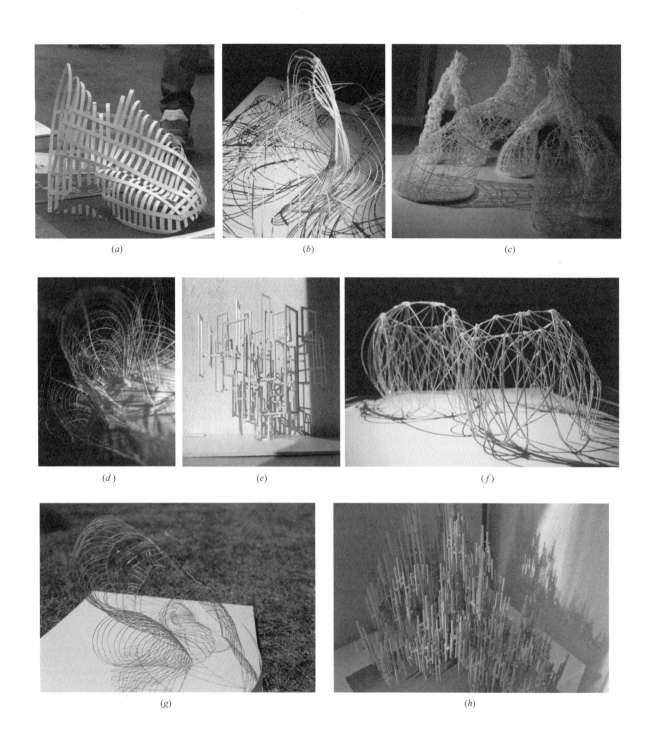

(a)　　　　　　　　　　　(b)　　　　　　　　　　　(c)

(d)　　　　　　　　(e)　　　　　　　　(f)

(g)　　　　　　　　　　　(h)

图 3-53　线性材料模型

第4章 环境设计各阶段的设计表达语言

设计表达要构建合理的逻辑框架及综合运用多种图示语言才能支撑整体的设计过程及成果。如今的设计表达，不再是传统意义上单一图纸表现，设计表达需展现清晰的逻辑顺序和生动的创作语言，按设计过程分为设计前期、设计中期、设计后期的表达。在设计前期包括概念表达、客观数据表达、相互关系表达、概念表述模型；在设计中期包括空间形态、功能表达、结构表达、材料表达、阶段分析模型；在设计后期包括展板表达、PPT 表达、快速表达、作品集表达、成果展示模型等多种手段。归纳不同类型的图式语言可以有效地指导设计，并且能够系统地培养学生依托设计本身研究问题和解决问题的思维模式。本章结合各阶段设计特点对各种类型图式语言的特点及运用方式进行阐释说明。

4.1 设计前期——设计概念构思表达

设计前期感性的设计思维很重要，抓住设计原点，生动的表达设计原创。包括概念的提出、原始信息数据的收集和整理、各要素相互关系分析、提取设计的有效信息。设计前期的分析往往基于大量基础资料，尤其是数据信息的分析整理，通过多方面的量化整合形成设计方向。设计前期，将设计相关的内容，如地理位置、空间环境、使用人群等信息进行视觉化、图式化处理，各种信息的表达需要借助图形图式提升其内容的可视性、生动性。

概念表达 概念分析图 视频、音乐、诗歌、文字	客观数据表达 地图、空间肌理图 饼状图、柱状图、折线图 时间轴	相互关系表达 气泡图 空间生成图	概念表述模型

4.1.1 概念表达

概念分析图。

概念是设计的原点，它可以来源于各个方面：视频、音乐、诗歌、文字、绘画、色彩、形态、自然现象等，那些原创性的、启发性的文字或图像，都可以成为概念的来源（图 4-1、图 4-2）。

在设计表达上，概念分析图重在表达设计理念的推导过程和设计策略的逻辑关系，强调设计策略的问题源起。概念分析应展示出好的设计理念、独特的设计思路。好的概念分析应具有原创性，图示语言生动、简洁。可以用图片拼贴、线图等手段来表达灵感来源、概念生成原理（图 4-3、图 4-4）。

图 4-1 概念的来源（一）

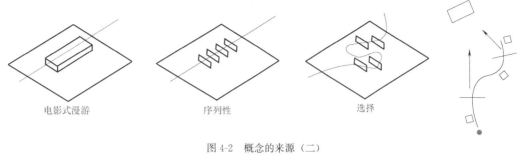

电影式漫游　　　　　序列性　　　　　选择

图 4-2　概念的来源（二）

学生：吴聃　薛雅芸　刘馨煜　指导教师：宋立民　课程：综合设计（1）

概念生成

叶，大多是圆形，有一个缺角。布满在叶上的纹理，是一个几何的堆叠，从内而外发散汇集的中心点分布不均。杆，密集的堆叠，每一个杆之间相互交错，而每一片叶只有一个杆的支撑。像树木一样，在杆之间"穿行"，犹如行走在树林中

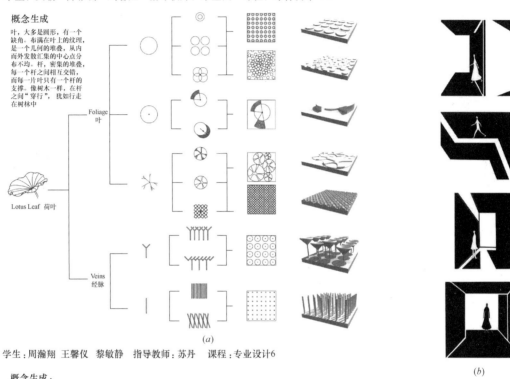

(a)

学生：周瀚翔　王馨仪　黎敏静　指导教师：苏丹　课程：专业设计6

(b)

概念生成：

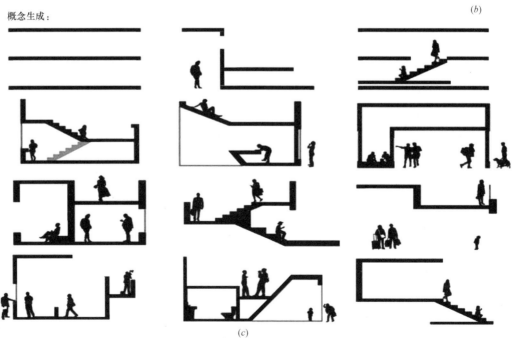

(c)

学生：周瀚翔　王馨仪　黎敏静　指导教师：苏丹　课程：专业设计6

图 4-3　概念生成

基线   基线   功能区域   主路径

(a)

学生：江佩蔚　　教师：管沄嘉　　课程：专业设计(4)

共生关系

本项目隶属坊口村田园综合体"乐园"部分旨在注重人的活动体验和回归东方自然的生活选择。

原住民与外来游客在场地内一起参与农事活动。增强游客体验的同时，更加为当地村民提供更高质量、更现代化的生活环境。我们为严肃的历史遗址注入活力，使得废旧水利设施的历史价值和功能价值得到重新利用。在提供旅游资源的同时，也能够保证农业生产的效益。最大程度地保护乡村风貌，维护农民的经济利益，使外界介入成为一种良性的循环。

(b)

学生：吴聃 薛雅芸 刘馨煜　　指导教师：宋立民　　课程：综合设计(1)

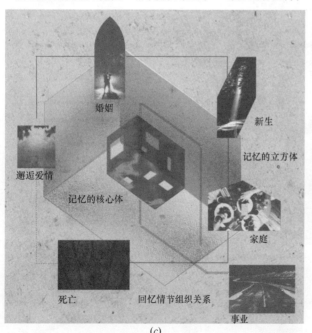

(c)

(d)

学生：孟昭　　指导教师：梁雯　　课程：专业设计 (3) 专业设计(4)

学生：石方舟　　指导教师：崔笑声 李飒　　课程：专业设计(1) 设计表达(1)

图 4-4　概念分析图

4.1.2 客观数据表达

1. 地图（图4-5）

地图是基于各类地图素材绘制的二维图式语言。

地图常常作为环境设计前期的分析内容,如空间肌理、交通道路、环境风貌、植被及水体等,依据表达需求将各类要素组合或单独提取,在地理空间层面上,表达各要素之间或整体与要素之间的相互制约关系。

地图能展现精准的空间位置、场地条件和周边的宏观环境关系,地图包含更翔实的空间细节,可以为场地分析提供多层次的视觉信息。因为地图包含了大量的场地信息,在进行分析的时候,一定要通过恰当的绘图手法和技巧,充分地聚焦并表达设计主体,当利用影像地图作为底图叠加较多的分析元素时,要适当弱化地图的色彩对比度,避免作为分析主体的点、线、面等图形及符号信息被底图所混淆,造成视觉的主次颠倒。

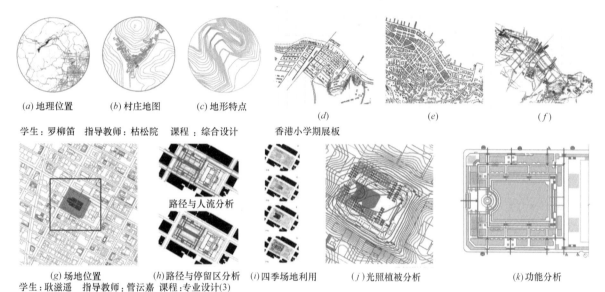

(a) 地理位置　　(b) 村庄地图　　(c) 地形特点

学生:罗柳笛　指导教师:枯松院　课程:综合设计　　香港小学期展板

路径与人流分析

(g) 场地位置　(h) 路径与停留区分析　(i) 四季场地利用　(j) 光照植被分析　　(k) 功能分析

学生:耿滋遥　指导教师:管沄嘉　课程:专业设计(3)

图4-5　地图

2. 空间肌理图

空间肌理图是展示城市或区域的规模尺度、空间结构,并深入探讨街区空间在组成形式上的差异性、功能异同等问题的二维图示语言。

这种图示最早由17世纪意大利的制图师诺利创造,用以描绘罗马城的空间形态肌理。在设计的前期,空间肌理图式可以帮助设计师更好地理解城市空间密度、交通网络、建筑轮廓、布局方式,甚至包括场地建筑功能等。不同类型和属性的平面图形信息可以分开表达,亦可叠加在一起整体表现。一般情况下,开放空间为"图",建筑物和构筑物为"底",抽象展现二维的空间结构和秩序。

空间肌理图作为一种有效的场地分析图,能相对准确地传达建筑与场所关系。肌理作为一种指标,可以通过色块的稀疏和密集分辨城市密度,根据多数色块的平均大小辨别城市形态,还可以根据不同区块的大小疏密判断区域功能的变化(图4-6)。

图4-6　空间肌理图
学生:罗柳笛　指导教师:张月 杜异　课程:专业设计(3) 专业设计(4)

83

3. 饼状图（图 4-7）

饼状图是常用于表现调研对象各部分之间，或各部分与整体的比例关系的分析类二维图示语言。

饼状图各部分由圆形中心向外辐射，扇面角度即为其所占比例大小，配合文字及各类图式符号，可以使数据信息的读取快捷准确。

前期设计调研中，饼状图可做影响空间功能比例、场地使用方式、人群结构类型等方面的表达。在运用饼状图式进行数据表达的时候，需要注意表述内容的类型不宜过多，3~6 种为宜，否则会影响各类信息的读取和辨识，将需要重点表现的部分尽量置于饼状图上部的正中位置，并且用明确的颜色突出显示，其他信息则用中性色彩弱化处理。饼状图的优势在于能够在一个整体的框架内清晰展示各部分的量化关系，而一旦需要比较两个或两个以上整体时，建议运用其他图式（如柱状图）。

4. 柱状图

柱状图也称条图、长条图、条状图，是一种以矩形长度为变量的分析类二维图示语言，是设计对象相关因素的数据量化表达（图 4-8）。

大部分柱状图由一系列高度不等的纵向条纹表示数据分布的情况，常结合时间轴显示某类信息随时间变化的关系，或用来比较两个或以上不同时间或者不同条件

的价值参量。制作柱状图时，最好只设定一个变量，避免多个变量信息同时出现在一个图式中造成信息读取混淆，柱状图亦可横向排列为条形图，对所选择的项目进行排序，为了表达清晰，要注意条形图之间的距离需小于条形宽度，某一特定信息的强调可使用对比颜色，数字和文字等信息要沿柱状图的横、纵两轴标注。柱状图可以单独使用，也可与轴测图或功能业态布局图等灵活结合使用，提升数据信息表现的生动性。

5. 折线图

折线图由一条或多条连接不同属性值的线组成的分析类二维图示语言（图 4-9、图 4-10）。

设计前期折线图通常与时间轴结合显示事物随时间的变化情况以及数据的变动，在时间维度上可以是对过去的认知回顾，亦可以是对未来趋势进行预测。折线图按照一定比例显示随时间而变化的连续数据，适用于显示在相等时间间隔下数据的趋势。折线图常用于展示与设计对象密切相关的背景信息，通过呈现所面临问题的紧迫性，强调设计对象的必要性及合理性，引起读者的共鸣和关注。折线图常作为载体，叠加整合其他图式，更加全面、形象、准确地展示研究对象随时间的量化变动状况。

各种数据表达的综合图例（图 4-11）。

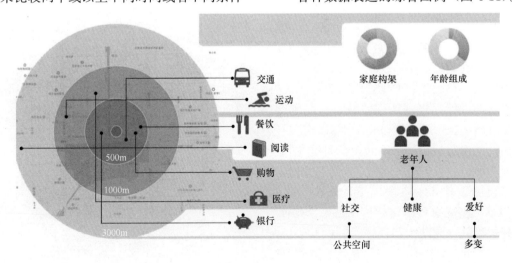

图 4-7　饼状图

学生：胡新月　指导教师：汪建松 于历战　课程：专业设计（2）设计表达（2）

84

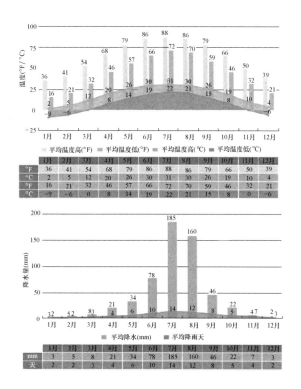

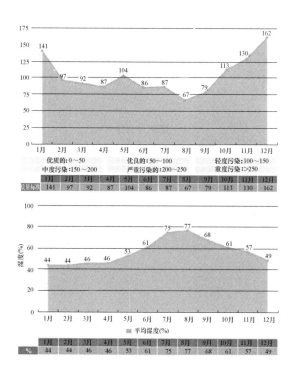

	1月	2月	3月	4月	5月	6月	7月	8月	9月	10月	11月	12月
°F	36	41	54	68	79	86	88	86	79	66	50	39
°C	2	5	12	20	26	30	31	30	26	19	10	4
°F	16	21	32	46	57	66	72	70	59	46	32	21
°C	-9	-6	0	8	14	19	22	21	15	8	0	-6

优质的: 0～50　　优良的: 50～100　　轻度污染: 100～150
中度污染: 150～200　　严重污染的: 200～250　　重度污染: >250

	1月	2月	3月	4月	5月	6月	7月	8月	9月	10月	11月	12月
质量标准	141	97	92	87	104	86	87	67	79	113	130	162

	1月	2月	3月	4月	5月	6月	7月	8月	9月	10月	11月	12月
mm	3	5	8	21	34	78	185	160	46	22	4	3
天	2	2	2	4	6	10	14	12	8	5	4	2

	1月	2月	3月	4月	5月	6月	7月	8月	9月	10月	11月	12月
%	44	44	46	46	53	61	75	77	68	61	57	49

图 4-8　柱状图
学生：胡新月　　指导教师：汪建松 于历战　课程：专业设计（2）设计表达（2）

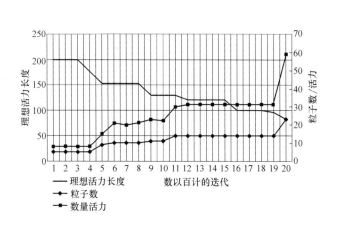

图 4-9　说明粒子数增加的图表与理想活力长度的减小有关
学生：孟昭 吴聃 伍汶奇 朱奕安 吴佳芮 陈卓颖 刘德政
指导教师：陆轶辰　课程：参数化设计

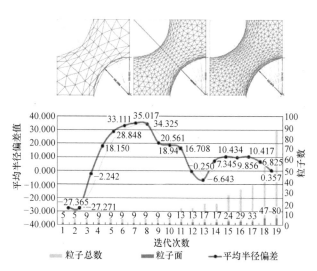

图 4-10　半径偏差和平均偏差曲线图从立方体表面的圆形边界半径开始

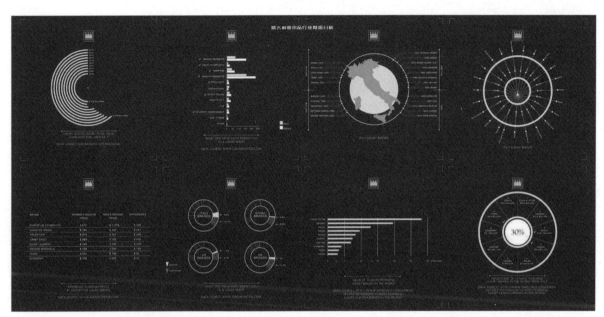

图 4-11　各种数据表达的综合图例

1911

水木清华，钟灵毓秀，清华大学秉持"自强不息、厚德载物"的校训和"行胜于言"校风

清华学堂
1911年4月9日，清政府批准将游美肄业馆改名为清华学堂，并订立章程。4月29日，清华学堂在清华园开学

清华二校门
清华大学二校门，为一座古典优雅的青砖白柱三拱"牌坊"式建筑，门楣上书刻有清末大学士那桐的手迹"清华园"三个大字。站在清华路，北望二校门，可遥看清华大礼堂、日晷和清华学堂等景观

清华大礼堂
清华大礼堂仿自美国弗吉尼亚大学的图书馆，是一座罗马式和希腊式的混合古典柱廊式建筑，设计者是美国茂旦洋行的建筑师墨菲(H.K.Murphy)和达纳(R.H.Dana)，以美国19世纪典型的大学校园布局为蓝图，规划了早期的清华校园

清华图书馆
清华大学图书馆始建于1911年的清华学堂，1912年改建为清华学校，建立清华学校图书室；1919年3月图书室独立馆舍(现老馆东部)落成，更名为清华学校图书馆；1928年，更名为国立清华大学图书馆

清华人文社科图书馆
清华大学人文社科图书馆位于清华大学南北主干道之东，紧邻三教之北。人文社科图书馆由凯风公益基金会捐资建成，瑞士著名建筑设计师马里奥·博塔主持设计，将成为马里奥·博塔在中国设计并建筑完成的第一件作品

2019

摆脱区域的限制，联系历史。在新的建筑群落里需要一个与历史对话的窗口，是学校气质的展现，在现代的环境中参杂蕴含水木清华的概念

清华艺术博物馆
在清华大学美术学院对面破土动工的艺术博物馆自2002年就开始向社会各界征集建筑方案，最终确定由瑞士著名建筑设计师马里奥·博塔主持设计，清华艺术博物馆建成后占地面积达15891m²，建筑面积30000m²，将与新清华学堂以新主楼为中点成对称布局

图 4-12　时间轴

学生：马可　指导教师：张月、苏丹、刘北光　课程：专业设计（4）

6. 时间轴

时间轴是将一系列表达历史事件、人物等内容信息，按照时间、年代序列进行排列展示的分析类二维图式语言（图4-12）。

时间轴结合文字、数字、图片及符号简图等图式，反映设计对象在时间纵向或横向维度上的发展变化状况。时间轴图式常用于前期分析阶段，用以研究设计对象的历史发展背景、人文信息演化、物质空间演变等。

时间轴图负责整合与时间相关的其他类型图式，如照片、肌理图、形态演化图等，用以表达影响设计对象发展演化的不同要素。在制作时间轴图时，要首先明确

所要表达的重要信息，而后选择恰当且直观的图式与时间轴结合，而不要仅仅借助文字和数字泛泛说明，以增强整体图式的表达力和生动性。

4.1.3 相互关系表达

1. 气泡图

气泡图是表达相互关系的二维图式语言（图4-13）。

早期，瓦尔特·格罗皮乌斯（Walter Gropius）在哈佛设计研究生院任教时，曾将泡泡分析图纳入到他所主导的设计方法论中，并将其转换为一种表达功能主义的象征图式，同时，气泡图也被他引入并应用于包豪斯设计教学体系中。

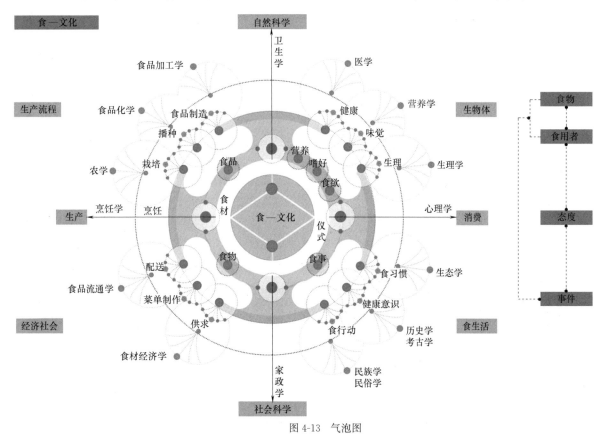

图 4-13 气泡图

学生：孟昭　指导教师：梁雯　课程：专业设计（3）（4）

气泡图式常出现于设计前期，用来探索及分析空间的内部功能、流线、空间各要素的相互关系。它将空间中的一系列元素，如场所空间、功能、环境、交通等内容抽象为简单的图形元素，并通过连接符号联系起来。即将每个气泡当成一个功能分区，并根据流线关系将各个功能分区串在一起，使空

间内部与外部场地关系清晰直观地表达出来。气泡图通过气泡的大小表达设计对象的影响程度，即气泡越大，比例数值越大或重要性越强，通过气泡的位置，表达气泡间的相对位置关系或进行空间的定位。气泡通过尺寸大小、颜色不同可以直观表示不同元素的比例关系及层级属性。

2. 空间生成图

空间生成图是空间的形态生成过程，物体形成过程的综合类二维图示语言（图4-14）。

空间生成图可以展现二维到三维、三维到二维的空间演化过程。在具体的空间设计操作过程中，同时可以对设计进程进行优化及动态调整，有时还可在某种程度上构建设计框架。

4.1.4 概念表述模型

概念表述模型是设计前期空间形态生成和形态推敲的三维图示语言（图4-15～图4-18）。它以一种生动的方式去表达设计概

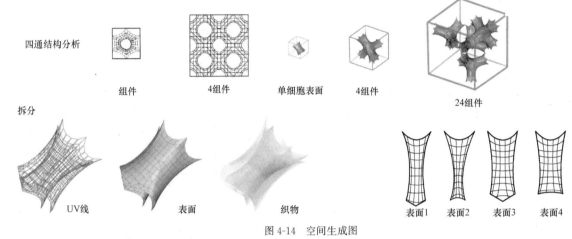

图4-14 空间生成图
学生：孟昭 吴聃 伍汶奇等 指导教师：陆铁辰 课程：参数化设计

(a)

学生：顾紫薇 指导教师：专业设计与设计表达(1)　　　　学生：刁雪 指导教师：刘铁军 汪建松 课程 专业设计(1) 设计表达(1)

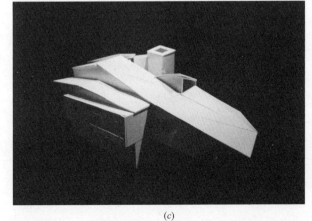

(c)

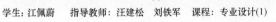

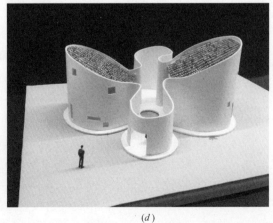

(d)

学生：江佩蔚 指导教师：汪建松 刘铁军 课程：专业设计(1)　　　　学生：石祎洁 指导教师：汪建松 刘铁军 课程：专业设计(1)

图4-15 概念表述模型（一）

图 4-16　概念表述模型（二）

学生：梁雨晨　指导教师：张月
课程：专业设计（3）（4）

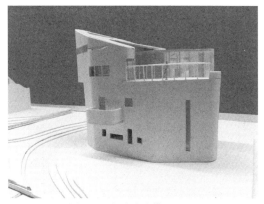

图 4-17　概念表述模型（三）
学生：冉林鑫　指导教师：汪建松、刘铁军
课程：专业设计（1）

图 4-18　概念表述模型（四）
学生：夏尚歌　指导教师：汪建松　刘铁军
课程：专业设计（1）

念雏形，表达空间初期形态、功能。草模不必展现细节，手工的草模可用易于折叠和变形的模型材料制作，泡沫、纸板和木材等是常用的材料，数字的草模可以用 SketchUp 软件制作，不必表达材质、肌理、色彩。对草模空间形态、功能的变化过程进行多角度

的记录与分析，连续的变化过程展示形成了对设计前期初始概念的表达。

4.2　设计中期——设计分析推进表达

设计中期的图示语言要表达空间形态、功能、结构、材料等内容。随着设计思考的深入，需要不断对设计前期的理念进行调整、充实和完善。设计中期需要综合运用二维、三维等多种图式语言来进行分析、对比，阐述设计中期的思路及创作思考过程。设计中期的设计方案已经初具规模，这个阶段的表达是理性的，要求数据严谨，层级关系明确，设计表达上语言特征要具备"抽象示意"和"直观易懂"的特点，承前启后推进设计，完善构思框架。

4.2.1　形态表达

1. 形态分析图

形态分析图是在设计中期阶段展示空间形态、空间与形态之间的关系的综合性二维图示语言（图 4-19）。

形态分析图可以描述空间形态的生成过程、形态差异、形态构成等，分析类型有个体形态展示分析、多个形态对比分析等。设计中的多方案比选，常在给定的技术指标及条件内，尝试多种空间形态的可能性，对某一相同的空间的不同形态设计做法，以相同的角度进行排列显示，便于方案的比较选择。因为是形态的比较，因此分析的内容不必做过多的细节设定，以简单的线框或者白模、简单的模型进行展示即可。

2. 矩阵图

矩阵图是多幅相似类型的图形横纵结合的网格式阵列布局的综合性二维图示语言（图4-20、图4-21）。有平面图、立面图、轴测图的矩阵图等，对设计对象不同的体量形态、空间布局、造型手法等内容进行类比式的图示分析。

矩阵图式可以比作"图形化的表格"，适合展示空间场地、空间之间的细微比较。这类分析图具有多种功能：既可以利用每个单体间变化的逻辑关系来分析设计过程，也可以利用每个单体间的形态区别来分析空间多样性，亦可以利用每个单体间的强调部分区别来分析空间构成。

形态表达 形态分析图 矩阵图	功能表达 功能分析图 行为分析图 空间分层轴测图	结构表达 结构分层轴测图 结构爆炸图	材料表达 色彩表达图 肌理表达图	阶段分析模型 拆解模型 剖面模型

产品箱：用于展览和商业的空间

设计箱：设计师和工程师的空间

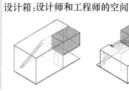

理念框：创意咨询空间

图4-19 形态分析图

学生：马可　指导教师：黄艳 杜昇 管沄嘉　课程：专业设计（6）

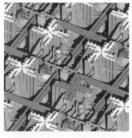 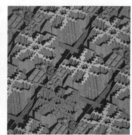 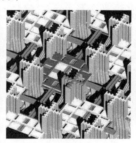 

图4-20 矩阵图（一）

学生：张杰林　指导教师：梁雯　课程：专业设计（3）（4）

区域受光情况

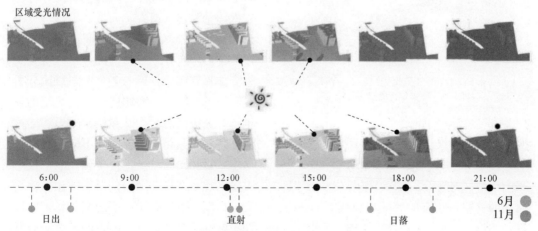

图4-21 矩阵图（二）

学生：罗柳笛　指导教师：张月 杜昇　课程：专业设计（3）（4）

4.2.2 功能表达

1. 功能分析图

空间功能和人的行为是密不可分的，功能分析图可以区分空间功能关系，表达人的行为，在多功能空间，通过行为的转化，来描述空间功能。功能即空间的使用性、开放性，人的行为的转换带来空间功能的转化。

功能分析图可以强调空间设计的总体定位，包含动线分析、形态分析。

动线分析图是展示功能串联关系和人流路线组织，区分出不同类别的使用者之间的动线对比等丰富信息的综合性二维图示语言。

在动线分析图中，如果空间中有不同的人流动线，首先要考虑不同人流之间的交往模式，考虑到促进交流或减少干扰等具体需求，其次要根据空间的使用功能来定义动线的连接、转折或穿过等具体性质，最后应当准确理解动线设计时的轻重缓急，合理地设计动线的人流速度，这些都可以在充满趣味性的动线分析中来实现（图4-22～图4-26）。

2. 行为分析图

行为分析图，是表达空间功能区域行为动静关系的二维图示语言（图4-27）。行为分析图包括静态行为分析、动态行为分析。人的行为决定空间的功能，行为分析图可以帮助理解场地空间的疏密安排是如何有效服务于使用功能的，以及流线组织又是如何有效串联起不同的动静区域的。动态区域与静态区域的过渡空间设计也需要设计师细致的考虑，动静分区还可以辅助空间营造给人提供差别化的使用功能（图4-28～图4-32）。

3. 空间分层轴测图

分层轴测图是分析场地结构及空间的一种综合性二维图示语言（图4-33）。

分层轴测图多应用于景观和室内空间设计中，在设计的分析和表达中有着广泛的运用。分层轴测图提供了一种有效的视角，借助于同一角度展示相互分离的不同层级图形，使得本身复杂、看似无序混沌的场所状态、空间外部形态、空间内部空间及流线变得易于解读。采用分层轴测图对场地环境、空间形态功能等要素进行叠加展示，利于表现设计对象的整体结构及各要素间的相互关系。

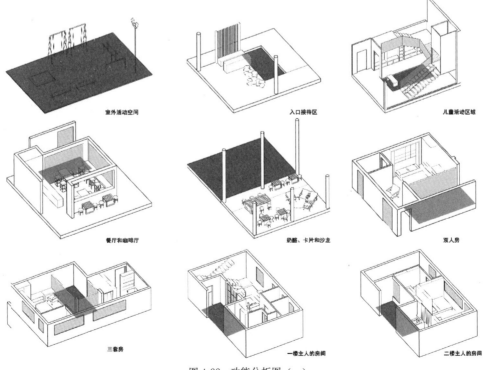

图 4-22　功能分析图（一）
学生：郑琦蕾　指导教师：黄艳　课程：专业设计（6）

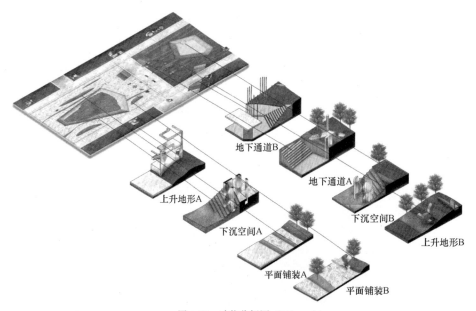

图 4-23　功能分析图（二）
学生：耿滋遥　指导教师：管沄嘉　课程：专业设计（3）

学生：司于依　指导教师：杨冬江　课程：专业设计（5）
图 4-24　功能分析图（三）
学生：刘馨煜　王文武　张杰林　指导教师：黄艳　课程：景观设计

图 4-25　功能分析图（四）

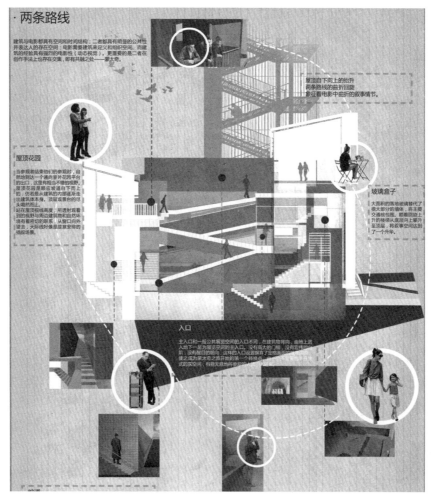

图 4-26 功能分析图（五）

学生：孟昭 指导教师：崔笑声 李飒 课程：专业设计（1）设计表达（1）

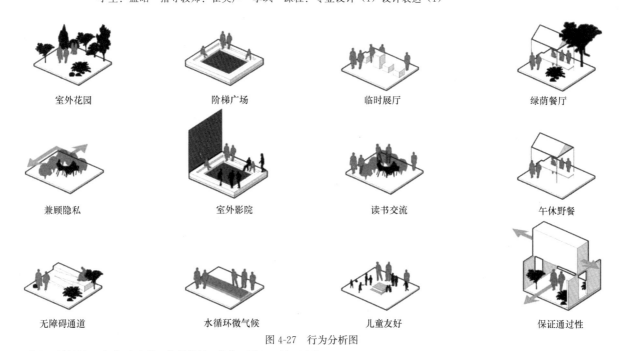

图 4-27 行为分析图

学生：刘馨煜 王文武 张杰林 指导教师：黄艳 课程：景观设计

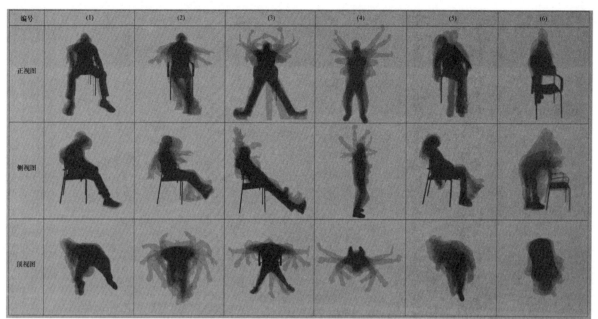

图 4-28　情绪体验与认知在家具设计中的应用研究

学生：王浩阳　指导教师：刘铁军　课程：毕业设计

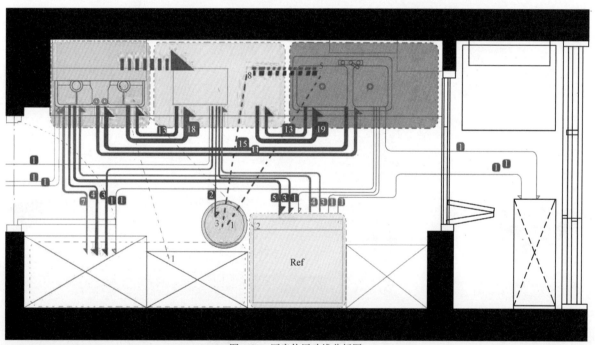

图 4-29　厨房使用动线分析图

图中数字为厨房空间中人使用设施及家具的动线次数。

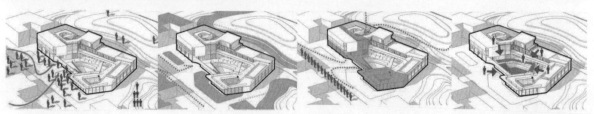

(a) 吸引来自城市的中青年单人、
情侣、家庭等

(b) 城市绿地与自然绿地环绕
大面积通透感受环境

(c) 朝向城市与其他社区开放共享
办公区与餐厅

(d) 内部的下沉庭院散步坡道
形成社区中心

图 4-30　城市规划动线分析图

学生：胡新月　指导教师：汪建松　于历战　课程：专业设计（2）

图 4-31 轴测图
学生：胡新月 指导教师：汪建松 于历战 课程：专业设计（2）

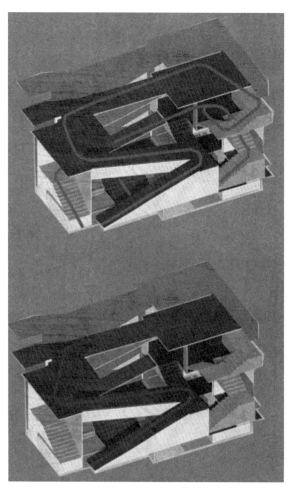

图 4-32 动线分析
学生：孟昭 指导教师：崔笑声 李飒
课程：专业设计（1）设计表达（1）

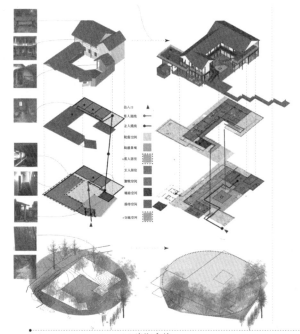

(a) 岸润客栈
学生：司于衣 指导教师：黄艳 陆轶表 课程：专业设计(6)

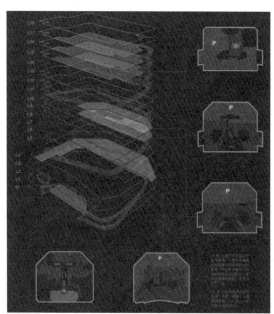

(b) 香港小学期

图 4-33 空间分层轴测图

格斗三层

枪械二层

混乱一层

(c)

学生：徐堂浩　指导教师：黄艳　陆轶表
课程：专业设计(6)

(d)岸润客栈

学生：司于衣　指导教师：黄艳　陆轶表
课程：专业设计(6)

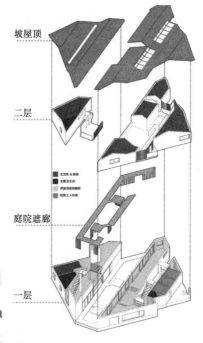

坡屋顶

二层

庭院遮廊

一层

学生：郑炜珊　指导教师：黄艳　陆轶表
课程：专业设计(6)

图 4-33　空间分层轴测图（续）

4.2.3　结构表达

1. 结构分层轴测图

分层轴测图是通过拆解的方式表达空间的组成结构、构造层次、材料样式、构件细节等关系的综合性二维图示语言（图 4-34）。

结构分层轴测图在纵向或横向界面对于设计对象进行拆解分离的表现方式，也具有清晰完整、详尽有序的优点。在对上部主体及下部支撑结构进行竖向拆解的基础上，通过改变透明度的方式在横向层面上对构筑物的表面围护结构进行逐层剖解，直观地展现了设计对象的维护墙体、主体结构骨架及内部界面的各类细节特征和不同材料类型。同时，放大绘制重要构造节点，通过连线标明构造部位，并且用文字将不同区域进一步描述。

2. 结构爆炸图

爆炸图式是将空间或者场地环境等按照设定的逻辑，从横向和竖向两个维度上将目标对象的外部及内部各个元素进行扩散式拆解的综合性二维图示语言（图 4-35）。

爆炸图式最早在工业产品设计中运用，用以表现产品的内部系统结构及各个部件间的衔接构架方式。爆炸图被引入空间设计分析图中，能够直观地表达设计对象的拆分步骤及空间、功能等层次结构。

爆炸图与分层轴测图相似，都是对空间的不同构成元素进行拆分式表现。如果说分层轴测图多是在垂直方向上进行表达，爆炸图则常在上、下、左、右、前、后多个维度中，对设计对象进行拆解表现，可以更为全面地展现空间内容及结构细节（图 4-36）。

学生：秦佳敏　指导教师：刘铁军
课程：毕业设计

(a) GO BOX 儿童围棋科普教育空间家具设计

图 4-34　结构分层轴测图

96

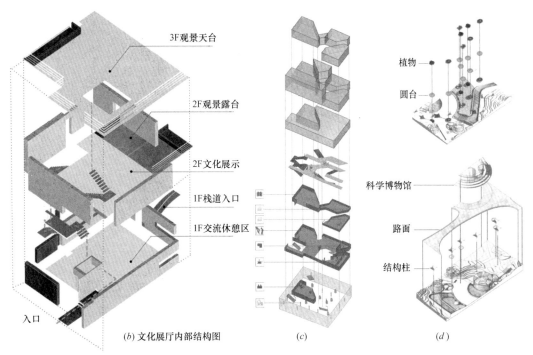

3F观景天台

2F观景露台

2F文化展示

1F栈道入口

1F交流休憩区

入口

(b) 文化展厅内部结构图

植物

圆台

科学博物馆

路面

结构柱

(c)　　　　　　　　　　　　(d)

学生：薛雅芸 刘馨煜　指导教师：宋立民　　学生：耿滋遥　指导教师：崔笑声 李飒　　学生：马可　指导教师：张月 苏丹 刘北光

课程：综合设计(1)　　　　　　　　　　　课程：专业设计(1)设计表达(1)　　　　课程：专业设计(4)

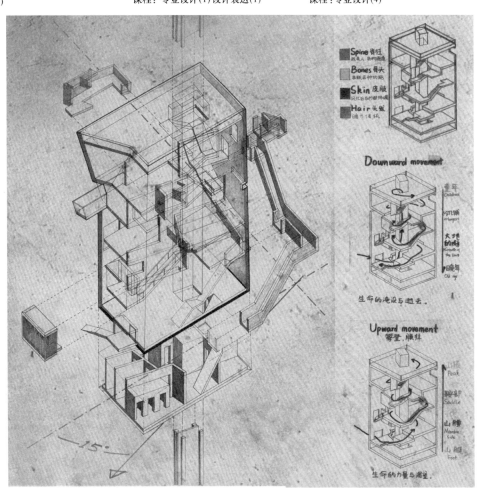

学生：石方舟　课程：专业设计(1)设计表达(1)　　　　　　　　(e)

图 4-34　结构分层轴测图（续）

97

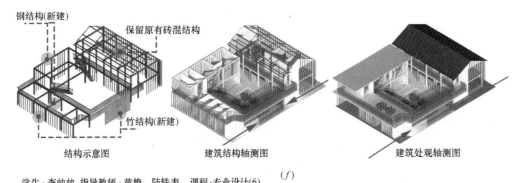

结构示意图　　　　　　建筑结构轴测图　　　　　　建筑处观轴测图

学生：李帅帅　指导教师：黄艳、陆轶表　课程：专业设计(6)

(f)

图 4-34　结构分层轴测图（续）

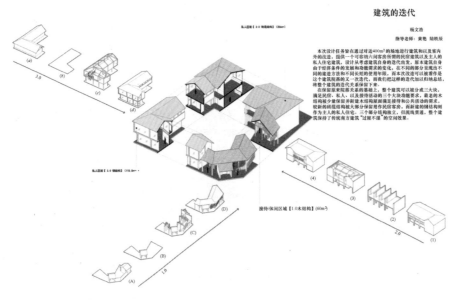

图 4-35　结构爆炸图式

学生：杨文浩　课程：专业设计（6）

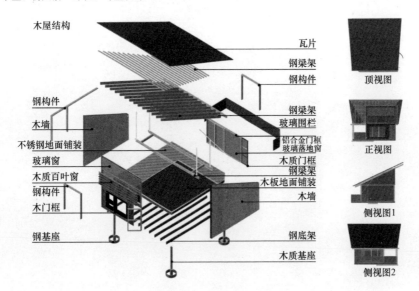

图 4-36　木屋结构

学生：吴聃 薛雅芸 刘馨煜　指导教师：宋立民　课程：综合设计（1）

4.2.4 材料表达

材料具有视觉属性,是空间设计中的重要一环,材料的表现力丰富,既有实用价值又能辅助空间的气氛表达(图4-37~图4-40)。材料表达包括色彩表达和肌理表达。轴测图表达材料,具有清晰完整、详尽有序的特点,能够直观地展现各处不同材料类型,立面图表达材料,能展现不同位置的材料及相应尺度。材料分析图多种多样、运用灵活,从不同角度对空间设计材料、材料与结构、材料与形态的关系加以说明,透视图更加还原真实空间中材料的运用及材料对空间产生的影响。

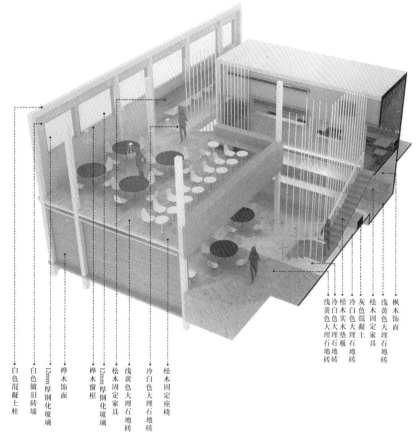

图 4-37 材料表达(一)

学生:李婉莹 指导教师:涂山 课程:专业设计(5)

图 4-38 材料表达(二)

学生:李婉莹 指导教师:涂山 课程:专业设计(5)

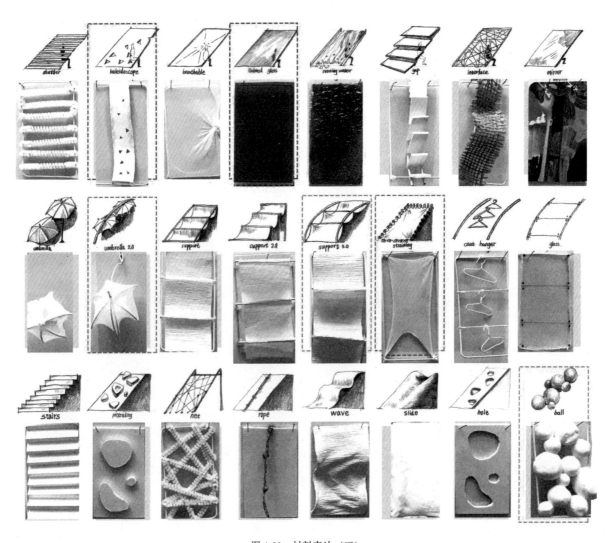

图 4-39　材料表达（三）

学生：刘青舟　指导教师：张月　刘北光　杨冬江　陆轶辰　课程：专业设计（4）

(a)　　　　　　　　　　　　　　　　(b)

图 4-40　岸涧客栈

学生：司于衣　指导教师：黄艳　课程：专业设计（6）

4.2.5 阶段分析模型

阶段分析模型运用于设计的中期推敲、深化阶段的三维图式语言（图 4-41、图 4-42）。阶段模型有拆解模型、剖面模型等，用以分析空间的结构、形态、材料、功能、动线等问题。展示设计概念至形态生成的过程。用电子模型、过程实体模型的推敲方式使得设计过程操作更灵活，设计师可以在等比例的真实三维视角下，动态地观察建筑的形态和空间变化，且便于设计师和非专业人士的互动参与和讨论。

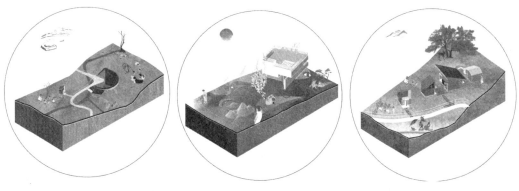

学生：吴聃 薛雅芸 刘馨煜　指导教师：宋立民　课程：综合设计（1）

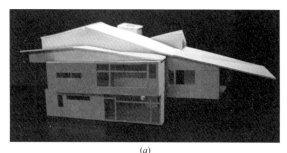

(a)

学生：江佩蔚　指导教师：汪建松 刘铁军
课程：专业设计(1)

(b)

学生：杨艳　指导教师：崔笑声 李飒
课程：专业设计(1)设计表达(1)

图 4-41　阶段分析模型（一）

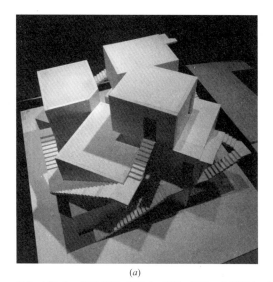

(a)

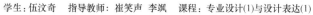

(b)

学生：伍汶奇　指导教师：崔笑声 李飒　课程：专业设计(1)与设计表达(1)

图 4-42　阶段分析模型（二）

4.3 设计后期——设计综合表达

设计后期表达体现设计的完整性，图示语言的综合性、表达的逻辑性。

设计表达的完整性体现在过程的完整和数据的完整。各种图示语言的展示内容丰富、图文结合、首尾呼应，像人们阐述整体设计概念，图示语言的综合性体现在表达技法的综合性方面及图形语言表达的综合性方面，运用多种技法制作图形语言，包括概念意象图、分析图、平面图、立面图、剖面图、透视图等。设计是图形思考的过程，在设计的不同阶段应呈现不同类型的图，表达图示是二维、三维的综合性图示语言，即用多种图形语言表达设计。简单的分析图示不再能够说明问题，运用图片、文字、符号等内容综合分析、说明；表达的逻辑性体现在设计思维的逻辑呈现，设计后期表达图示之间要具有清晰的逻辑关系，即图面的设计逻辑和视觉逻辑。设计分析、推导过程层层自上而下，各阶段、环节之间的逻辑关系环环相扣，互为因果关系。

设计的综合表达包括展板表达、PPT表达、快速表达、作品集表达、成果展示模型等，可以根据课程的内容、时间选择不同类型的综合表达方式。

展板表达 PPT表达	快速表达 作品集表达	成果展示模型

（1）展板表达

展板综合表达是设计内容一次性的最终输出与呈现，也是设计的延续和升华。展板综合表达内容包含毕业设计展板、课程结题作业展板及设计大赛展板。

展板的构成模式可以是大的单张展示模式，也可以是A3小展板的阵列排布模式，可以有不同的数量排列组合。

展板通过恰当的排版和美观的构图，将大量的分析图和效果图进行梳理组织，可使设计内容更清晰的表达出来。好的展板效果，可以让人快速抓住设计的核心和亮点，让人们更好地理解设计。展板的构图和排版紧凑通畅，内容编排、图式组织要与设计的逻辑构思过程密切相关，版面内容主次分明，明确不同板块的表达重点，要控制好版面的节奏，构思内容表达图式要与效果图式合理搭配，运用平面设计的美学原则，注意图形的疏密和整体色彩控制。

（2）PPT表达

PPT是图形演示文稿软件，全称为"PowerPoint"，缩写PPT，中文名称叫"幻灯片"或"演示文稿"。

PPT一般与投影仪、电视配合播放使用，可在插入文字、图片、音频流或视频流。PPT可以分解设计，每一页都有不同介绍，详细且有步骤的设计解读，有时间的进程，深入展现逻辑思维能力、分析能力。根据课程容量，页数有多有少，比较适合四周以上有深入度的大型作业。PPT展现，文字不要多，文字简略，字号大，以图为主，展现设计细节，设计工作的深入程度。PPT用于课题的结题发表、方案竞标演讲等。

（3）快速表达

快速表达是运用手绘技法在短时间内完成既定的设计任务的单张或多张图纸上的综合表达。表达设计思维、设计主题、设计内容，考察快速应变能力。内容简明扼要，要求高度概括设计内容，解决设计问题，图纸A2或者A1大小，应用于课题训练、应试阶段、两到四周的WORK-SHOP，快速表达体现学生的综合能力。

（4）作品集表达

作品集以成书的形态展现设计作品的视觉图册，可以看作是PPT的纸质版，但比PPT更精简。

作品集包含个人简介，主要设计作品，个性、荣誉介绍。作品集在图和文字的排布上，图示语言要有清晰的显示度，整体图文内容清晰、简明。选择中性的、与图像搭配的字体，文字尽量放在图像的边缘。作品集尺寸要易于翻阅。作品集一般应用在课程结题、出国留学、国内考研、工作应聘等。

（5）成果展示模型

成果展示模型是设计后期展示最终设计方案效果的模型，经常用在大型课题和毕业设计中。成果展示模型按数据比例制作，细节翔实，反映真实的空间数据、空间比例、空间结构、空间材料。家具模型多为1∶1大样模型，有的空间模型可拆解，充分展示空间内部结构。

4.3.1 展板、PPT 综合表达

展板综合表达（图 4-43）。

(a)　　　　　　　　　　　　　　　(b)

学生：周瀚翔 王馨仪 黎敏静　　指导教师：苏丹　课程：专业设计6

(c)

学生：李夏溪　指导教师：张月、苏丹、刘北光　课程：专业设计(4)

图 4-43　展板综合表达

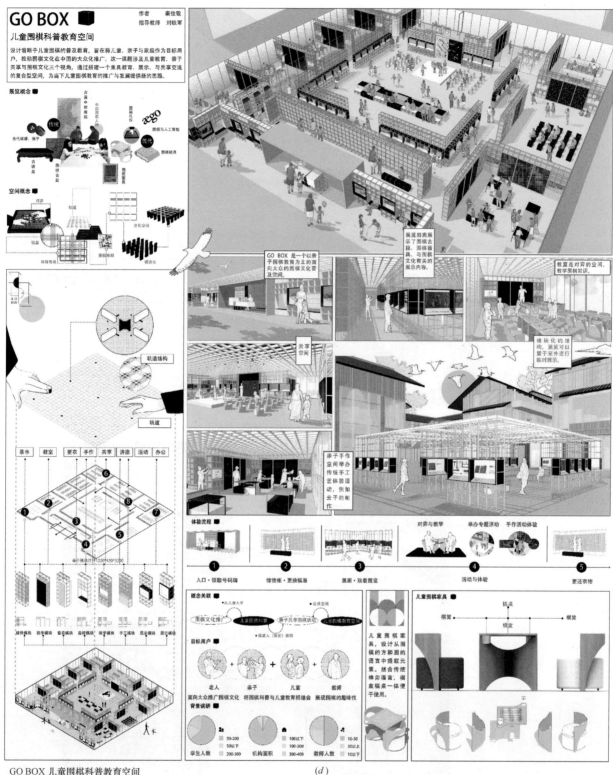

GO BOX 儿童围棋科普教育空间

学生：秦佳敏

指导教师：刘铁军

图 4-43 展板综合表达（续）

4.3.2 快题、作品集综合表达

1. 快题综合表达（图 4-44）。

2. 作品集综合表达（图 4-45）。

3. 成果展示模型（图 4-46）

成果展示模型是用于展示最终设计方案效果的模型，可以是按比例制作、细节

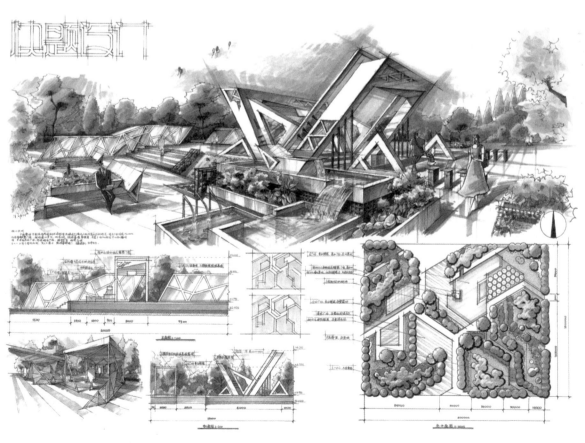

图 4-44 快题综合表达

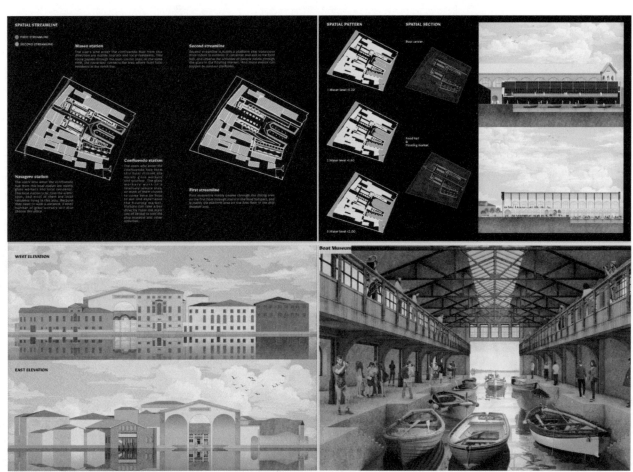

学生：王浩阳　　指导教师：刘铁军

学生：江佩蔚　　指导教师：管沄嘉　　课程：专业设计(4)

图 4-45　作品集综合表达

翔实的写实性模型，模型可以展示空间的比例、体量、结构、光影关系、材料材质，同时还可展示室内空间与景观空间的关系，主体设计对象和周边背景环境的关系。在专业领域里，它们用于向客户汇报及社区会议。这些模型不是过程，而是产品。它们通常是项目制作模型中工艺最精美的一类。

学生：孟昭　指导教师：崔笑声 李飒
课程：专业设计(1) 设计表达(1)
(a)

作品名称：砌筑与框架 意大利Chiesa Diruta
教堂空间改造
(b)

(c)

(e)

学生：周瀚翔 王馨仪 黎敏静　指导教师：苏丹
课程：专业设计(6)

学生：孟昭　指导教师：崔笑声 李飒
课程：专业设计(1) 设计表达(1)
(d)

学生：柳玥霖　指导教师：黄艳　课程：毕业设计
(f)

图 4-46　成果展示模型

(g)

学生：柳玥霖　指导教师：黄艳　课程：毕业设计

(h)

学生：柳玥霖　指导教师：黄艳　课程：毕业设计

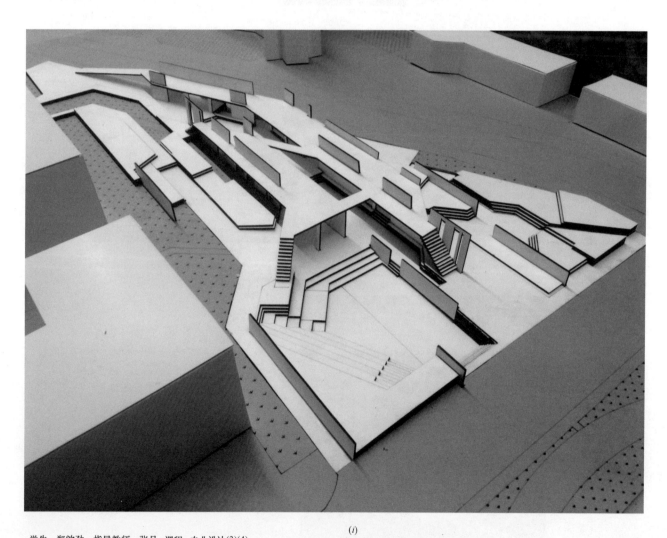

学生：郑啟劲　指导教师：张月　课程：专业设计(3)(4)

(i)

图 4-46　成果展示模型（续）

第5章 环境设计表达优秀作业案例

学生：吴川燕（2009 级） 指导教师：刘铁军 课程：设计表达

表达特色：图面以透视图为主体，分析图具有叙事风格，在牛皮纸背景图上再进行手绘表达，整体色调统一。

表达技术：彩铅、色粉技法表达。

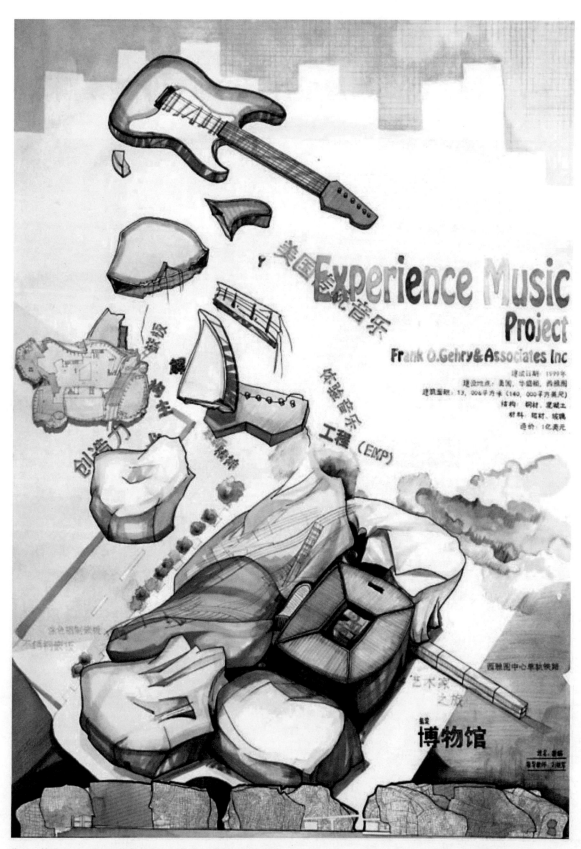

学生：楚璐（2009级） 指导教师：刘铁军 课程：设计表达

表达特色：图面以透视爆炸图为主体，具有叙事风格，通过爆炸图示来表达建筑的设计灵感来源及结构设计。

表达技术：水彩、彩铅技法表达。

描述式表达。

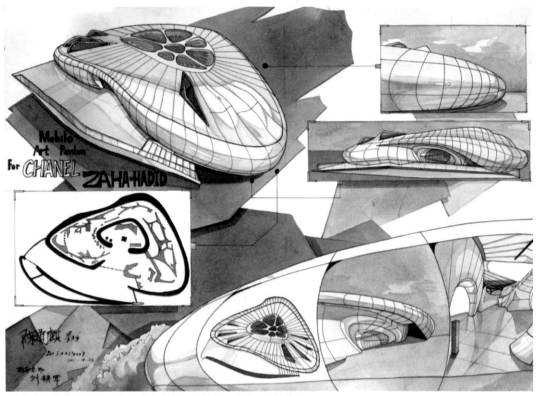

学生：陈道麒（2010 级） 指导教师：刘铁军 课程：设计表达

表达特色：图面以透视图为主体，具有拼贴风格，在背景图上再进行透视图、平面图的叠加，增加画面的信息量。
整体色调统一，色彩清淡，材质表达、光影表达很清晰。

表达技术：水彩技法表达。

比较分析式表达。

学生：邓轩（93 级） 指导教师：刘铁军 表达特色：以光为主题综合。

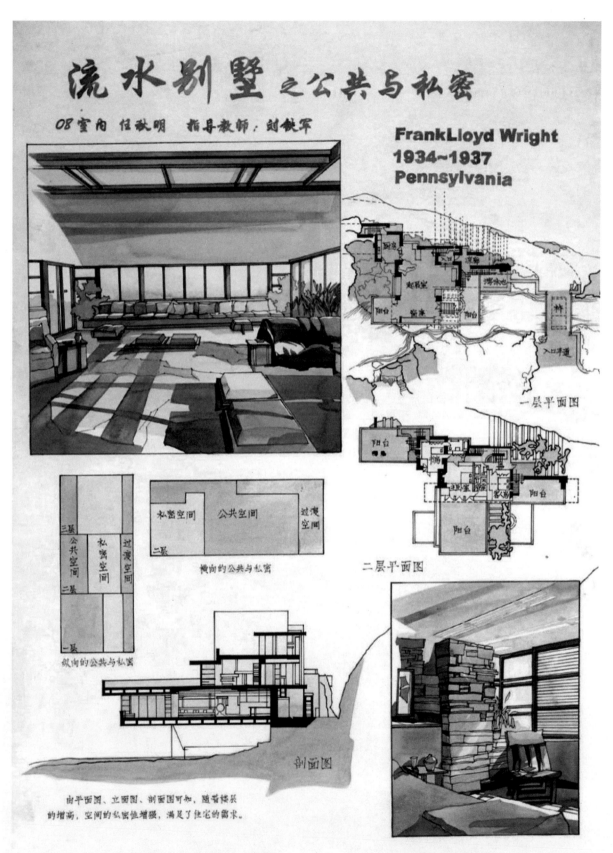

流水别墅 之公共与私密

08室内 任秋明 指导教师：刘铁军

FrankLloyd Wright
1934~1937
Pennsylvania

一层平面图

二层平面图

横向的公共与私密

纵向的公共与私密

剖面图

由平面图、立面图、剖面图可知，随着楼层的增高，空间的私密性增强，满足了住宅的需求。

学生：任秋明（2008级） 指导教师：刘铁军 课程：表现技法

表达特色：图面以透视图、正投影制图为主体，具有叙事风格，图面构图均衡，透视图光影表达清晰。

表达技术：水彩技法表达。

说明式表达。

学生：谢东梅（2009级）　指导教师：刘铁军　课程：设计表达

表达特色：图面以透视图、正投影制图为主体，具有叙事风格，图面构图均衡、色调统一，透视图光影表达清晰。

表达技术：水彩技法表达。

主题性表达。

学生：吴川燕　指导教师：刘铁军　课程：设计表达

表达特色：彩铅、色粉技法表达，图面以透视图、立面图为主体，在有色卡纸背景图上再进行手绘表达，整体色调
统一，图片构图均衡。

学生：胡霁月（2008级）　指导教师：刘铁军　课程：设计表达

表达特色：水彩技法表达。图面以透视图、平面图为主体，通过色彩分析来表达建筑设计。

学生：纪薇（2008级）　指导教师：刘铁军　课程：表现技法

表达特色：色粉技法表达。图面以局部透视图、立面图为主体，在有色卡纸背景图上再进行手绘表达，整体色调统一，图片构图均衡。

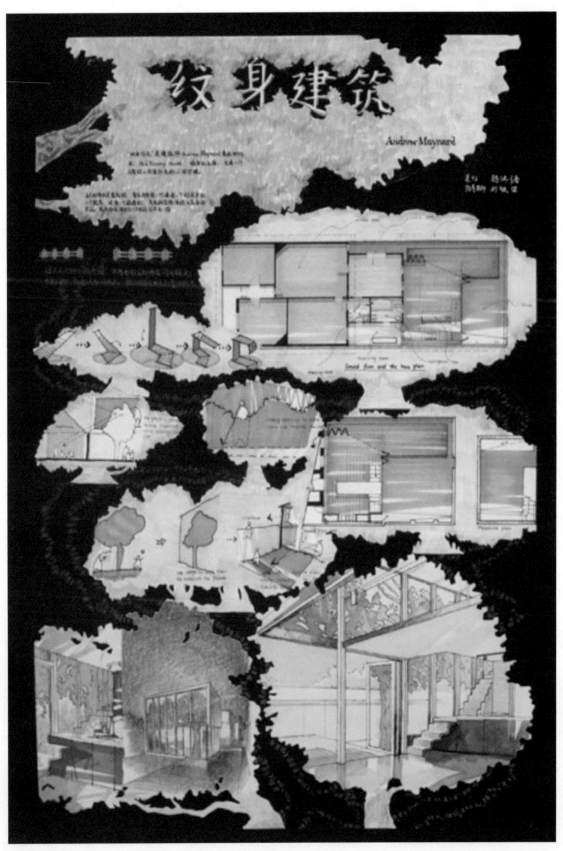

学生：赵沸诺（2009级）　指导教师：刘铁军　课程：表现技法

表达特色：拼贴、马克笔、彩铅、水彩技法表达。图面以局部透视图、立面图为主体，在有黑卡纸背景图上再进行
拼贴表达，整体构图新颖具有特色。

学生：廖青（2008级） 指导教师：刘铁军 课程：设计表达

表达特色：水彩、拼贴技法表达。图面以局部透视图为主体，通过拼贴、组合来构成画面，拼贴整体轮廓构成建筑
设计的形式语言来表达建筑的设计灵感来源。

表达特色：色粉技法表达。图面以立面图、透视图为主体，在黑色卡纸背景图上再进行手绘表达，整体色调统一，图片构图均衡。

118

学生：廖青（2008级）　指导教师：刘铁军　课程：表现技法
表达特色：水彩、彩铅技法表达。图面以透视图、平面图为主体，在有黑卡纸背景图上再进行拼贴式表达，整体构图新颖具有特色。

表达特色：水彩、彩铅技法表达。图面以立面图为主体，在有一张图上表达同一建筑不同光影下的效果，整体构图新颖具有特色。

太初，宇宙一片黑暗
只有上帝的灵在水面上运行
上帝说："要有光"光便立即出现

学生：刘东雷　指导教师：刘铁军　课程：表现技法
表达特色：喷笔技法表达。图面以立面图为主体，在图上再进行喷笔技法表达，整体色调统一，图片构图均衡。

学生：刘海涛（1992级）　指导教师：张月　课程：表现技法
表达特色：彩铅、拼贴技法表达。图面以透视图为主体，在图上再进行拼贴式表达，整体构图新颖具有特色。

学生：司于依　指导教师：杨冬江　课程：专业设计（5）

学生：司于依　指导教师：杨冬江　课程：专业设计（5）

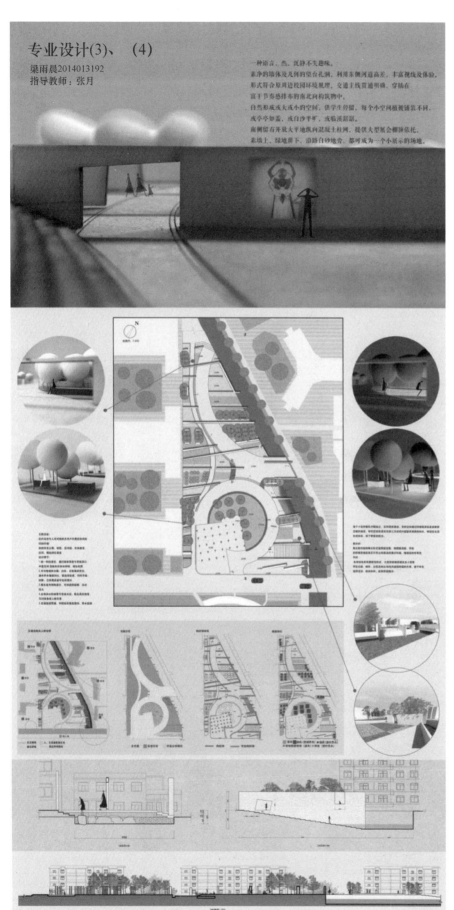

专业设计(3)、 (4)

梁雨晨2014013192
指导教师：张月

一种语言，热、沉静不失趣味。
素净的墙体及几例的望台孔洞，利用东侧河道高差、丰富视线及体验，
形式符合原用边校园环境肌理，交通主线贯通明确，穿插在
富于节奏感排布的南北向构筑物中。
自然形成或大或小的空间，供学生停留，每个小空间植被铺装不同，
或亭亭如盖，或白沙平旷，或临溪潺潺。
南侧留有开放大平地纵向混凝土柱阵，提供大型展会棚顶承托，
素墙上、绿地萌下、沿路白沙地旁，都可成为一个小展示的场地。

学生：梁雨晨
指导教师：张月
课程：专业设计（3）（4）
表达特色：图面清新简洁，以平面图以及效果图为主放于画面中心。
（1）效果图：手工模型制作＋摄影拍摄＋PS后期图像处理＋PS后期气氛场景渲染添加。（2）分析图：手工模型制作＋摄影拍摄＋PS后期图像处理＋PS后期气氛场景渲染添加。（3）平面图：CAD矢量图绘制＋PDF导入PS中上色后期＋PS后期气氛场景渲染添加。（4）立面图：CAD矢量图绘制＋PDF导入PS中上色后期＋PS后期气氛场景渲染添加。

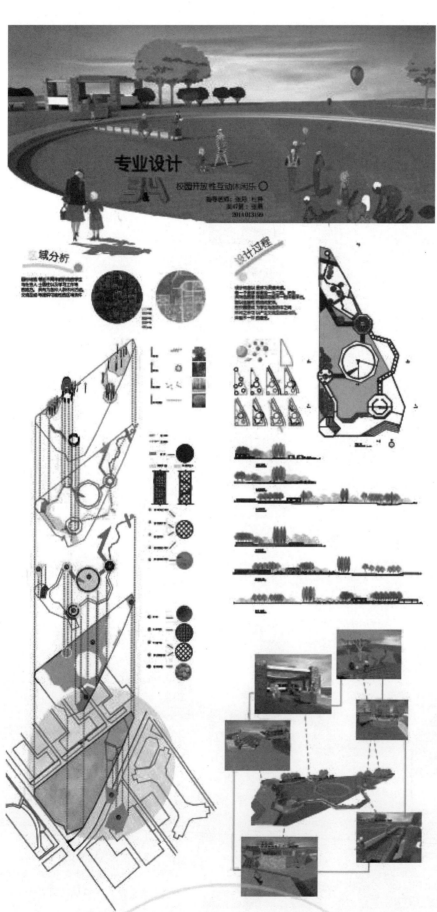

学生：张燕

指导教师：张月 杜异

课程：专业设计（3）（4）

表达特色：图面排版没有用过多的手法以及语言，整体依靠图纸内容来烘托效果。

（1）效果图：SketchUp模型制作＋Vary渲染＋PS后期图像处理＋PS后期气氛场景渲染添加。（2）平面图：CAD矢量图绘制＋PDF导入AI中上色后期＋PS后期气氛场景渲染添加。（3）立面图：SketchUp模型制作＋PS后期气氛场景渲染添加。

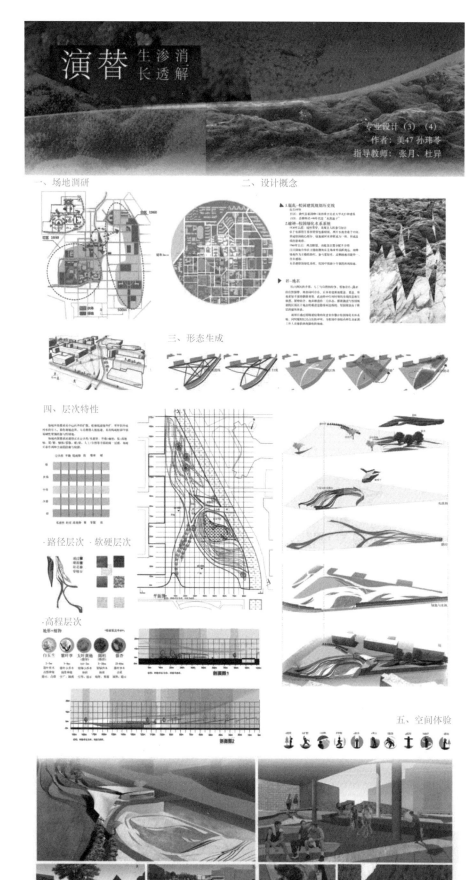

学生：孙玮苓

指导教师：张月 杜异

课程：专业设计（3）（4）

表达特色：展板整体以颜色简洁的分析图为主题，将颜色浓厚的效果图位于展板上方和下方压住画面，使画面不至于过于单调。

表达技术：（1）效果图：SketchUp 模型制作＋SketchUp 导出图片＋Sketch-Up 线框模式：图片线框叠加处理。（2）分析图：CAD 矢量图绘制＋PDF 导入 PS 中上色后期＋PS 后期气氛场景渲染添加。（3）平面图：CAD 矢量图绘制＋PDF 导入 PS 中上色后期＋PS 后期气氛场景渲染添加。

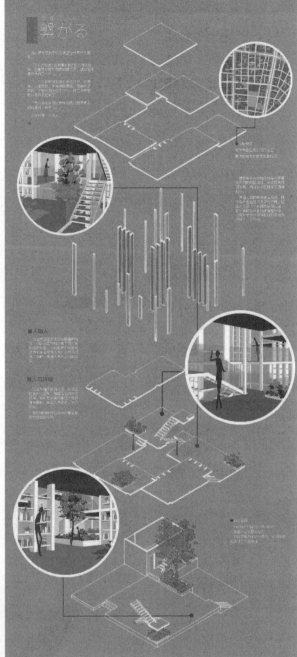

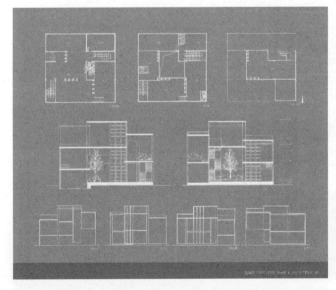

学生：赵维宁

指导教师：汪建松 刘铁军

课程：2016 年秋季学期　专业设计（1）设计表达（1）

表达特色：整体画面以绿色调为主，清新淡雅的风格，图面信息没有采用过多的表达语言，简单明了，清晰直观。

（1）效果图：SketchUp 模型制作导图＋PS 上色＋PS 后期素材添加。（2）分析图：CAD 矢量图绘制＋PDF 导入 PS 中调成白色线稿。（3）平面图：CAD 矢量图绘制＋PDF 导入 PS 中调成白色线稿。（4）立面图：水彩手绘/Sketch-Up 模型制作剖面图＋PS 水墨效果制作。

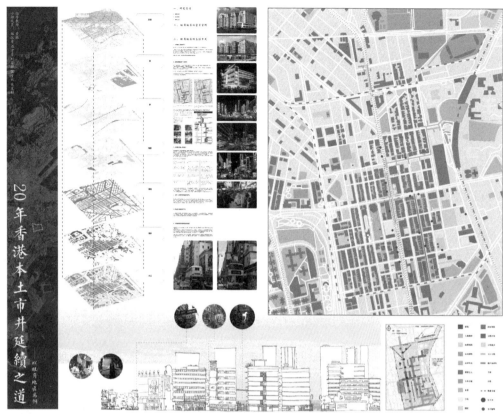

学生：伍汶奇　石方舟　留馨煜　张子薇　朱夏颖　指导教师：黄艳　课程：2017夏季学期中国香港调研

表达特色：画面采用黑白色调，图纸为分析图居多，信息量丰富，着重体现调研内容。

（1）效果图：PS照片处理。（2）分析图：PS画面处理＋AI分析线条以及文字绘制。（3）平面图：CAD矢量图绘制＋PDF导入PS中后期处理。（4）立面图：手绘表达。

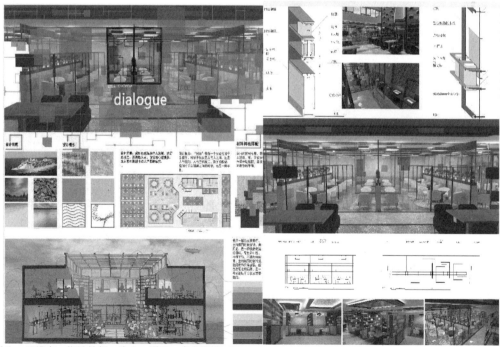

学生：王维东　指导教师：涂山　课程：专业设计（5）

表达特色：展板图纸内容丰富信息较多，排版时采用了与设计相关的底纹来丰富版面。

（1）效果图：SketchUp模型制作＋Vary渲染＋PS后期图像处理＋PS后期拼贴素材＋PS后期气氛场景渲染添加。
（2）立面图：CAD矢量图绘制＋PDF导入PS中上色。（3）分析图：SketchUp模型制作导出底图＋PS后期调色＋PS后期素材拼贴。（4）平面图：CAD矢量图绘制＋PDF导入PS中上色＋PS后期拼贴素材。

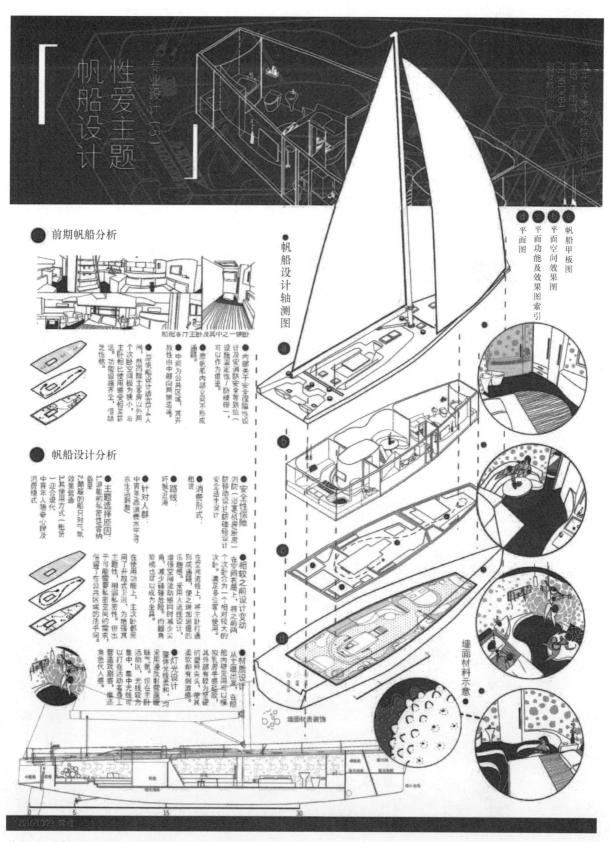

性爱主题 帆船设计

专业设计（3）

前期帆船分析

帆船设计分析

帆船设计轴测图

帆船甲板图
平面功能及效果图索引
平面空间效果图
平面图

墙面材料示意

墙面材质装饰

学生：王雨薇　指导教师：涂山　课程：专业设计（3）

表达特色：图面用红白两色来表达所有内容，以右侧的轴测图为主来阐述设计内容。

（1）效果图：SketchUp 模型制作导出线稿＋PS 后期处理。（2）分析图：SketchUp 模型制作导出线稿＋PS 后期处理。（3）立面图：CAD 绘制＋PS 后期处理。

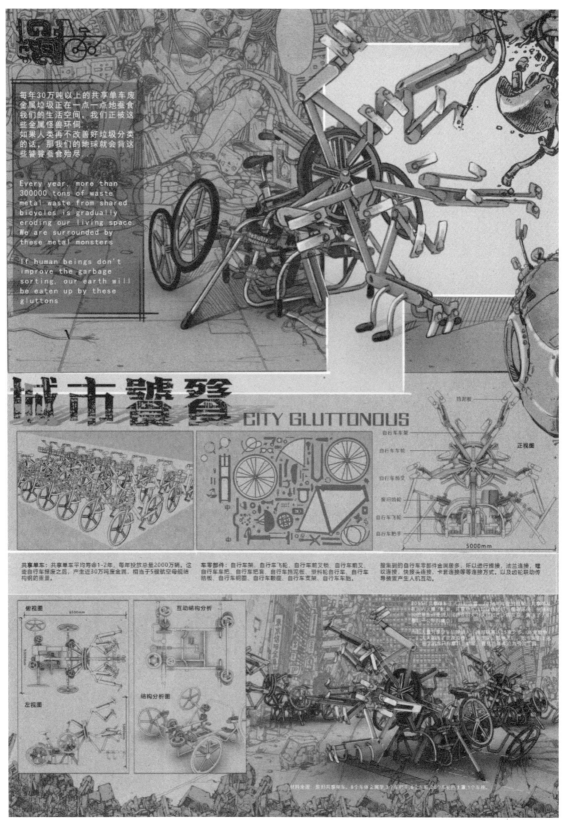

每年30万吨以上的共享单车废金属垃圾正在一点一点地蚕食我们的生活空间，我们正被这些金属怪兽环伺⋯⋯
如果人类再不改善好垃圾分类的话，那我们的地球就会背这些饕餮蚕食殆尽

Every year, more than 300000 tons of waste metal waste from shared bicycles is gradually eroding our living space. We are surrounded by these metal monsters

If human beings don't improve the garbage sorting, our earth will be eaten up by these gluttons

城市饕餮 CITY GLUTTONOUS

正视图

自行车车架
自行车车轮
自行车前叉
泵动链轮
自行车飞轮
自行车把手

5000mm

共享单车：共享单车平均寿命1-2年，每年投放总量2000万辆，这些自行车报废之后，产生近30万吨废金属，相当于5艘航空母舰结构钢的重量。

车零部件：自行车车架、自行车飞轮、自行车前叉轮、自行车前泥板、自行车车把、自行车把头、自行车挡泥板、塑料轮自行车脚踏板、自行车钢圈、自行车靴座、自行车支架、自行车轮胎。

搜集到的自行车零部件金属居多，所以进行搭接、法兰连接、螺纹连接、快接头连接、卡套连接等等连接方式，以及齿轮联动传导装置产生人机互动。

俯视图

互动结构分析

左视图

结构分析图

学生：栾家成　指导教师：周浩明　课程：2020年秋季学期景观环境可持续设计
表达特色：图面整体保持复古怀旧的土棕色调来诠释设计主题，运用大量手绘手法来处理图纸。
（1）效果图：Rhino建模＋KeyShot渲染＋SAI手绘处理＋PS后期气氛场景渲染添加。（2）分析图：SU模型导出＋PS后期图像处理＋PS后期气氛场景渲染添加。（3）平面图：Rhino模型导出＋PS中上色后期＋PS后期气氛场景渲染添加。（4）立面图：Rhino模型导出＋PS中上色后期＋PS后期气氛场景渲染添加。

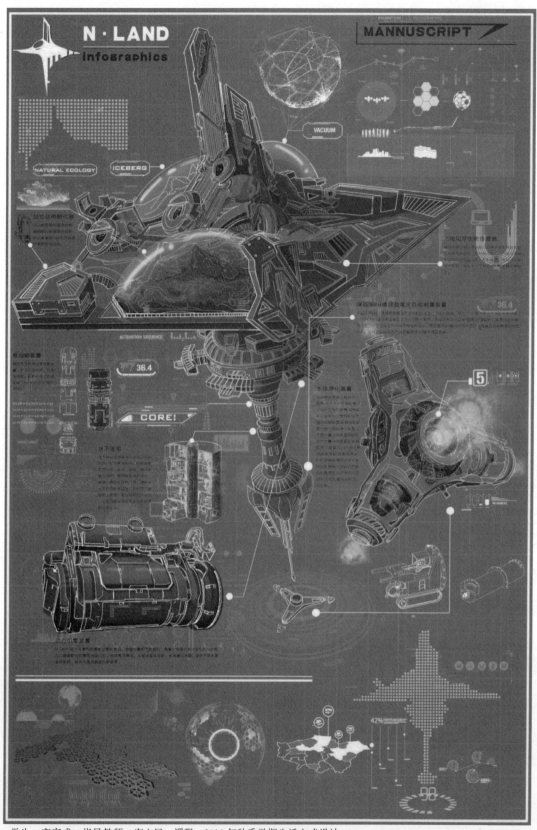

学生：栾家成　指导教师：宋立民　课程：2019 年秋季学期生活方式设计

表达特色：图面整体选用了与设计主题相符的星空蓝色，充满科技感。采用手绘风格来表达产品的效果。

（1）效果图：Rhino 模型制作导出图片＋PS 后期图像处理。（2）分析图：PS 后期图像处理。（3）平面图：CAD 矢量图绘制＋PDF 导入 PS 中上色后期＋PS 后期气氛场景渲染添加。（4）立面图：CAD 矢量图绘制＋PDF 导入 PS 中上色后期＋PS 后期气氛场景渲染添加。

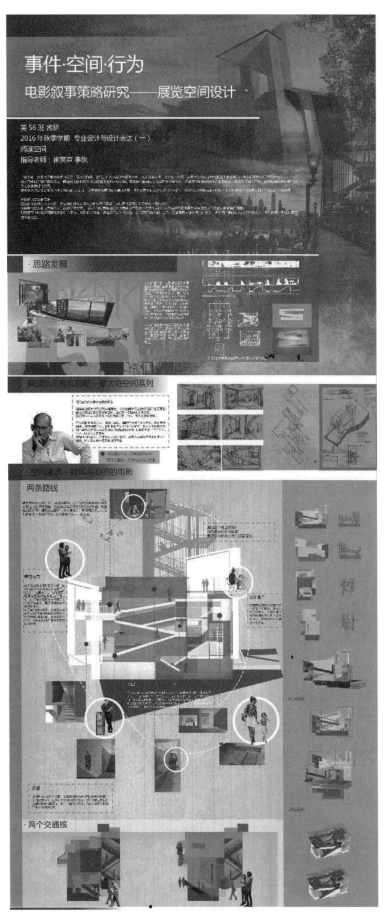

学生：孟昭

指导教师：崔笑声 李飒

课程：2016 年秋季学期 专业设计
(1) 设计表达（1）

表达特色：整体以黑色调为主，图面以分析图居多。

(1) 效果图：SketchUp 模型制作＋PS 后期图像处理。（2）立面图：SketchUp 模型导出＋PS 后期图像处理。（3）平面图：SketchUp 模型导出＋PS 后期图像处理。（4）分析图：SketchUp 模型导出＋PS 后期图像处理。

空间组织的蒙太奇手法——人的行为与动线分析。

学生：孟昭

指导教师：崔笑声　李飒

课程：2016 年秋季学期　专业设计（6）设计表达（6）

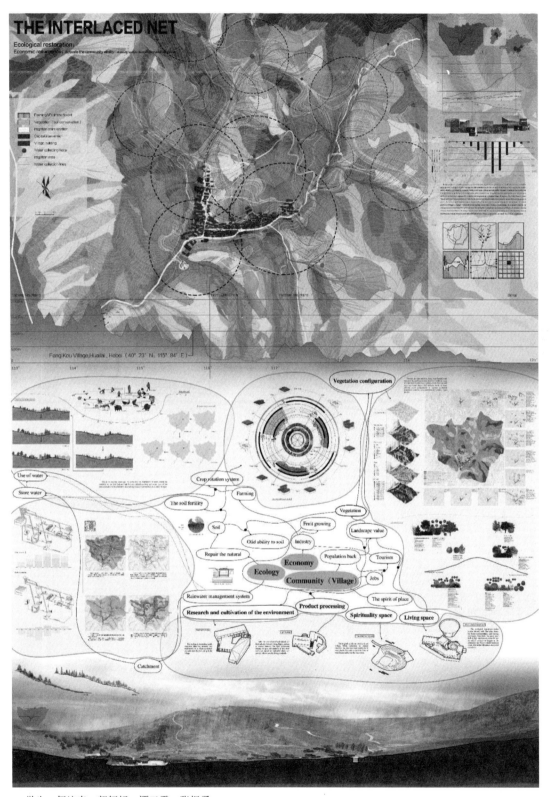

学生：伍汶奇　郭轩妤　谭玉霞　张振勇

指导教师：宋立民

课程：2017～2018 学年春季学期综合设计（1）

表达特色：图面以区域平面图为主体，占据版面一半的面积。在平面图上再进行分析图的叠加，增加画面的信息量。其他分析图集中在图版的下方，最下方用了颜色较重的一张剖立面图来压住整体图面。

（1）效果图：SketchUp 模型导出＋PS 后期图像处理。（2）立面图：SketchUp 模型导出＋PS 后期图像处理。（3）平面图：SketchUp 模型导出＋PS 后期图像处理。（4）分析图：PS 后期素材处理。

学生：何孟凝

指导教师：黄艳　杜异　管沄嘉

课程：2019～2020 学年秋季学期专业设计（6）

表达特色：图面风格为扁平插画风，颜色大胆丰富，运用大量的卡通素材来构成画面，效果图还采用人物对话的方式来还原场景真实感。

（1）效果图：SketchUp 模型导出线稿＋PS 后期上色＋PS 后期素材处理。（2）分析图：PS 后期素材处理。

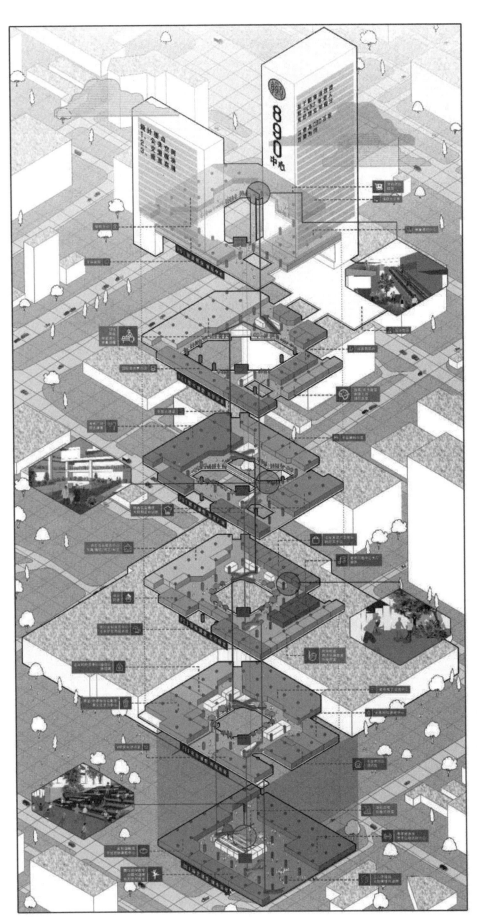

学生：张玮奇　胡心玥

指导教师：黄艳　杜昇　管沄嘉

课程：2019～2020 学年秋季学期专业设计（6）

表达特色：图面整体以一张建筑轴测图为主，围绕其进行其他分析图的表达，颜色以绿色调为主，清新透亮，整体风格为扁平插画风。

（1）效果图：SketchUp 模型导出＋PS 后期图像处理。　（2）分析图：SketchUp 模型导出＋PS 后期图像处理。

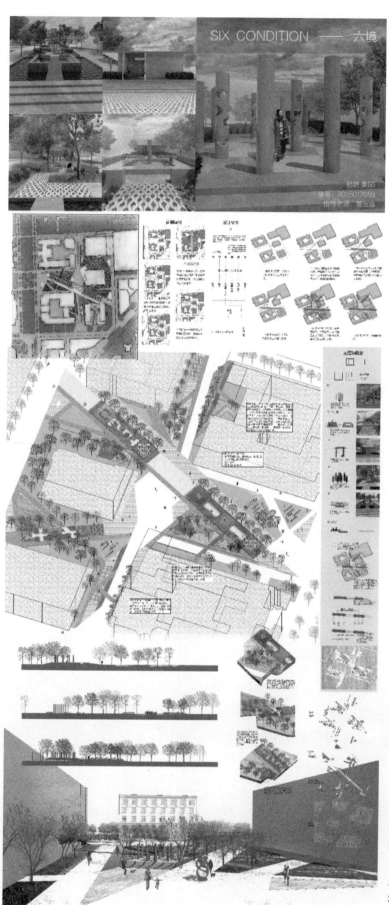

学生：杨艳

指导教师：管沄嘉

课程：2017～2018 年秋季专业设计（4）

表达特色：展板图纸丰富、信息量全，但图纸排布清晰不混乱，采用浅灰色系来表达大部分图纸，呈现清新感。

（1）效果图：SketchUp 模型导出＋PS 后期图像处理＋PS 后期气氛场景渲染添加。（2）立面图：SketchUp 模型导出＋PS 后期图像处理＋PS 后期气氛场景渲染添加。（3）平面图：CAD 矢量图绘制＋PDF 导入 PS 中上色后期＋PS 后期气氛场景渲染添加。（4）分析图：SketchUp 模型导出＋PS 后期图像处理＋PS 绘制分析线条。

走向田园
Head for country life

从城市环境、亲近、结构、构造与室内走向田园
Through city environment, route, structure, construction, from rural interior design

分析图
Analysis

地点：厦门 北纬24°43' 东经118°10'
Location: Xia`Men N24°43' E118°10'

可食地景　城市绿地
坡道&跑道

一层平面图 First floor 1:200

四层平面图 Forth floor 1:400

三层平面图 Third floor 1:400

二层平面图 Second Faor 1:400

学生：王鸿烨

指导教师：汪建松　于历战

课程：专业设计（2）设计表达（2）

表达特色：版面整体以绿色调为主，颜色集中表现在效果图中，其他图纸以黑白线框体现。

（1）效果图：SketchUp 模型制作导图＋PS 后期调色素材处理。（2）立面图：CAD 矢量图绘制＋PDF 导入 PS 中后期处理。（3）平面图：CAD 矢量图绘制＋PDF 导入 PS 中后期处理。（4）分析图：SketchUp 模型制作导图＋PS/AI 后期绘制分析线条。

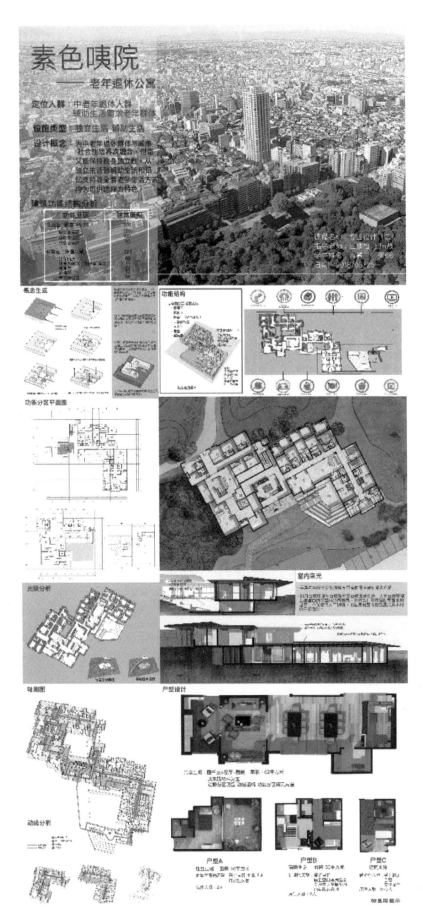

学生：温馨

指导教师：汪建松　于历战

课程：2017~2018年春季专业设计（2）设计表达（2）

表达特色：版面图纸丰满，色调以黄绿为主。

（1）效果图：SketchUp 模型制作导图＋Vary 渲染＋PS 后期调色素材处理。（2）立面图：CAD 矢量图绘制＋PDF 导入 PS 中上色后期＋PS 后期气氛场景渲染添加。（3）平面图：CAD 矢量图绘制＋PDF 导入 PS 中上色后期＋PS 后期气氛场景渲染添加。（4）分析图：SketchUp 模型制作导图＋PS 后期绘制。

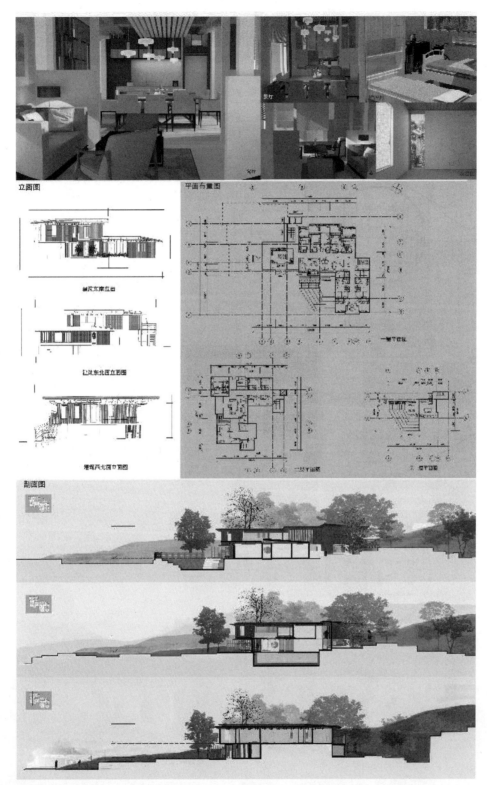

学生：温馨

指导教师：汪建松　于历战

课程：2017～2018年春季　专业设计（2）设计表达（2）

表达特色：版面图纸丰满，色调以黄绿为主。

（1）效果图：SketchUp模型制作导图＋Vary渲染＋PS后期调色素材处理。（2）立面图：CAD矢量图绘制＋PDF导入PS中上色后期＋PS后期气氛场景渲染添加。（3）平面图：CAD矢量图绘制＋PDF导入PS中上色后期＋PS后期气氛场景渲染添加。（4）分析图：SketchUp模型制作导出jpg＋PS后期上色＋PS后期素材拼贴。

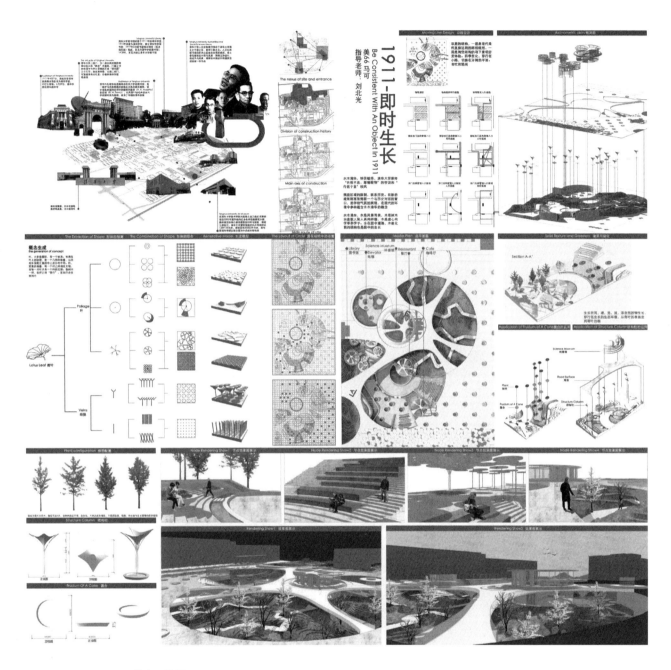

学生：马可

指导教师：张月　苏丹　刘北光

课程：专业设计（4）

表达特色：方形展板比较少见，图面整体颜色集中在底部的效果图中，其他图纸以白色线稿的分析图居多。

（1）效果图：SketchUp 模型制作导图＋PS 后期调色素材处理。（2）平面图：CAD 矢量图绘制＋PDF 导入 PS 中上色后期＋PS 后期气氛场景渲染添加。（3）分析图：SketchUp 模型制作导图＋PS 后期处理。

效果图与分析 (含效果图和平面布局分析)

目标人群：从事设计时尚行业的年轻女性

建筑面积：669m² 占地面积：343m² 共享空间面积：349m²
居住面积：320m² 可住人数：32 人 人均居住空间：10m²

人群分析

弯曲延伸成为灰空间，人们可以在此聊天玩乐，通过门的开启可以使几个灰空间连为一体，形成一个大的相似场所。

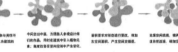

功能分区

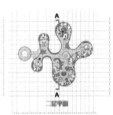

一层平面　　二层平面

共享区域：

居住区域：

轴测图与流线

剖面图 A

左立面图

次入口

次入口

主入口

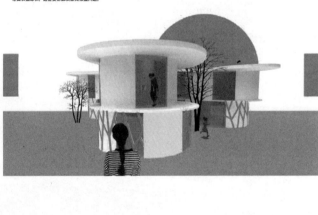

学生：李夏溪　指导教师：管沄嘉　刘北光　课程：专业设计（2）设计表达（2）
表达特色：整体颜色采用粉蓝配色，切合设计主题，给人梦幻感。
（1）效果图：SketchUp 模型制作导图＋vary 渲染＋PS 后期调色素材处理。（2）平面图：CAD 矢量图绘制＋PDF
导入 PS 中上色后期＋PS 后期气氛场景渲染添加。（3）分析图：SketchUp 模型制作导图＋PS 后期处理。（4）立面
图：SketchUp 模型制作导图＋vary 渲染＋PS 后期调色素材处理。

学生：石祎洁

指导教师：张月　苏丹　刘北光

课程：专业设计（2）设计表达（2）

表达特色：图面采用黑色线条来将画面分块，采用灰色方格底图来丰富画面。

（1）效果图：SketchUp 模型制作导图＋PS 后期调色素材处理。（2）平面图：CAD 矢量图绘制＋PDF 导入 PS 中上色后期＋PS 后期气氛场景渲染添加。（3）分析图：SketchUp 模型制作导图＋PS 后期处理。

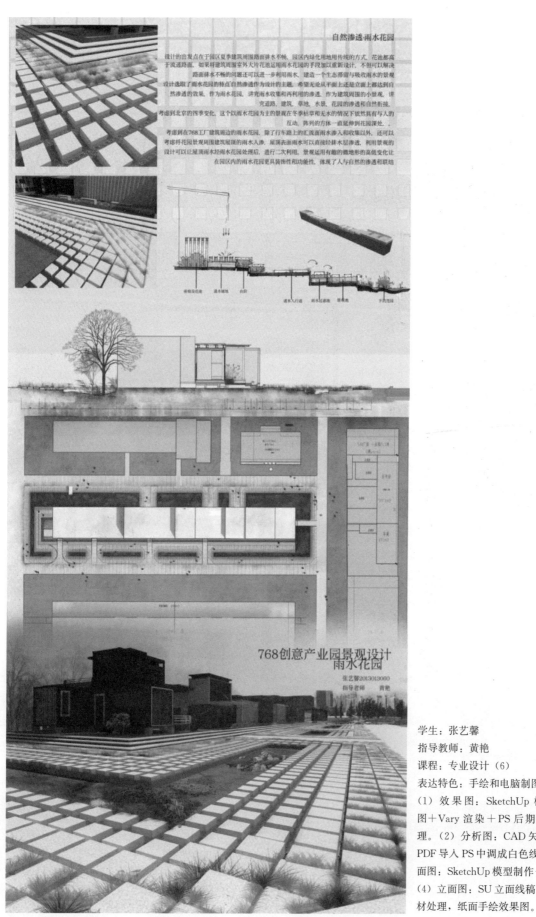

自然渗透·雨水花园

设计的出发点在于园区夏季建筑周围路面排水不畅，园区内绿化用地用传统的方式，花池都高于流通路面。如果将建筑周围室外大片花池运用雨水花园的手段加以重新设计，不但可以解决路面排水不畅的问题还可以进一步利用雨水，建造一个生态滞留与吸收雨水的景观。设计选取了雨水花园的特点自然渗透作为设计的主题，希望无论从平面上还是立面上都达到自然渗透的效果。作为雨水花园，讲究雨水收集和再利用的渗透，作为建筑周围的小景观，讲究道路、建筑、草地、水景、花园的渗透和自然衔接。

考虑到北京的四季变化，这个以雨水花园为主的景观在冬季枯草和无水的情况下依然具有与人的互动，阵列的方体一直延伸到花园深处。

考虑到768工厂建筑周边的雨水花园，除了行车路上的汇流面雨水渗入和收集以外，还可以考虑将花园景观周围建筑屋顶的雨水渗入，屋顶表面雨水可以直接经雨水层渗透，利用景观的设计可以让屋面雨水给雨水花园处理后，进行二次利用。景观运用有趣的微地形的高低变化让在园区内的雨水花园更具装饰性和功能性，体现了人与自然的渗透和联系。

768创意产业园景观设计
雨水花园

张艺馨2013013060

指导老师 黄艳

学生：张艺馨
指导教师：黄艳
课程：专业设计（6）
表达特色：手绘和电脑制图相结合。
（1）效果图：SketchUp 模型制作导图＋Vary 渲染＋PS 后期调色素材处理。（2）分析图：CAD 矢量图绘制＋PDF 导入 PS 中调成白色线稿。（3）平面图：SketchUp 模型制作＋俯视导图。
（4）立面图：SU 立面线稿＋PS 后期素材处理，纸面手绘效果图。

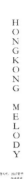

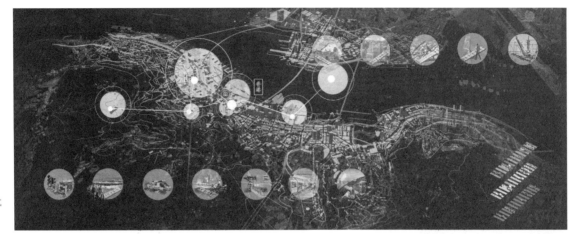

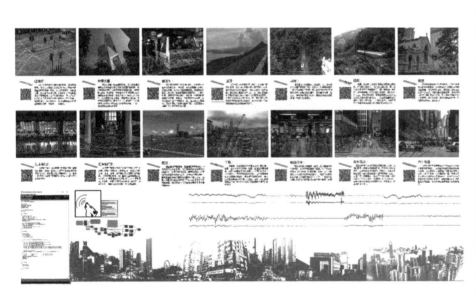

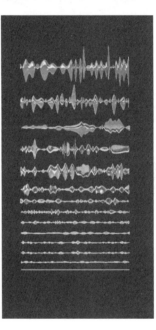

学生：钱瑾瑜　张杰林　孟昭　徐尚　江佩蔚

指导教师：涂山　崔笑声　黄艳

课程：2017年夏季学期中国香港调研

表达特色：画面采用黑白配色，黑色作为背景，白色为图纸，对比强烈。

（1）效果图：PS照片处理。（2）分析图：PS画面处理＋AI分析线条以及文字绘制。（3）平面图：PS画面处理＋AI分析线条以及文字绘制。（4）立面图：PS照片处理。

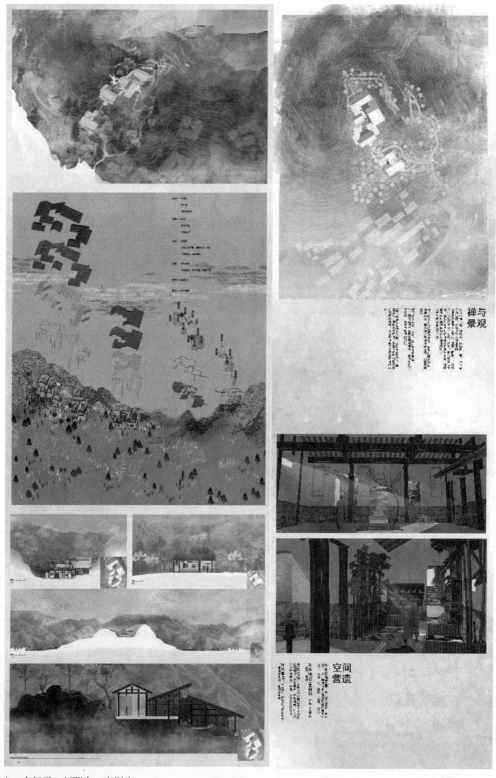

学生：余佩霜　刘研言　高斯宇

指导教师：宋立民

课程：综合设计（1）

表达特色：展板由大量分析图构成，信息量丰富。

（1）效果图：SketchUp 模型制作导出 jpg＋PS 后期调色＋PS 后期素材拼贴。（2）平面图：SketchUp 模型制作＋俯视导图＋PS 后期上色＋PS 后期素材拼贴。（3）立面图：SketchUp 模型制作导出 jpg＋PS 后期调色＋PS 后期素材拼贴。（4）分析图：SketchUp 模型制作导出 jpg＋PS 后期调色＋PS 后期素材拼贴。

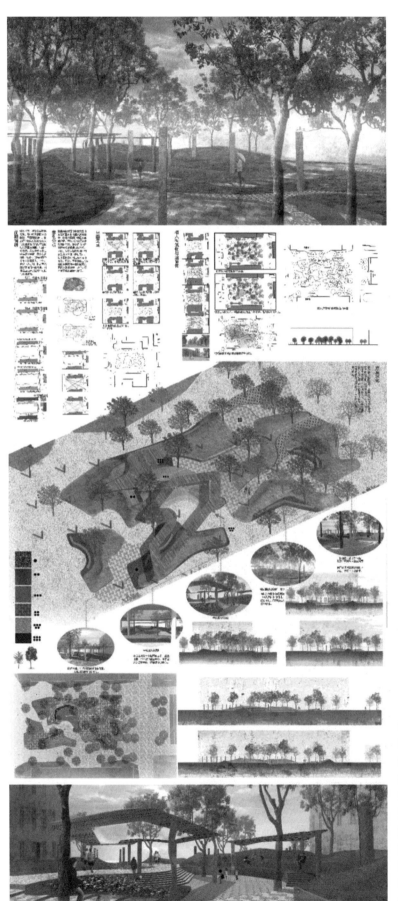

学生：江佩蔚

指导教师：宋立民

课程：专业设计（1）

表达特色：展板由大量分析图构成，信息量丰富。

（1）效果图：SketchUp 模型制作导出 jpg＋PS 后期调色＋PS 后期素材拼贴。（2）平面图：CAD 矢量图绘制＋PDF 导入 PS 中上色后期＋PS 后期气氛场景渲染添加。（3）立面图：SketchUp 模型制作导出 jpg＋PS 后期调色＋PS 后期素材拼贴。 （4）分析图：SketchUp 模型制作导出 jpg＋PS 后期调色＋PS 后期素材拼贴。

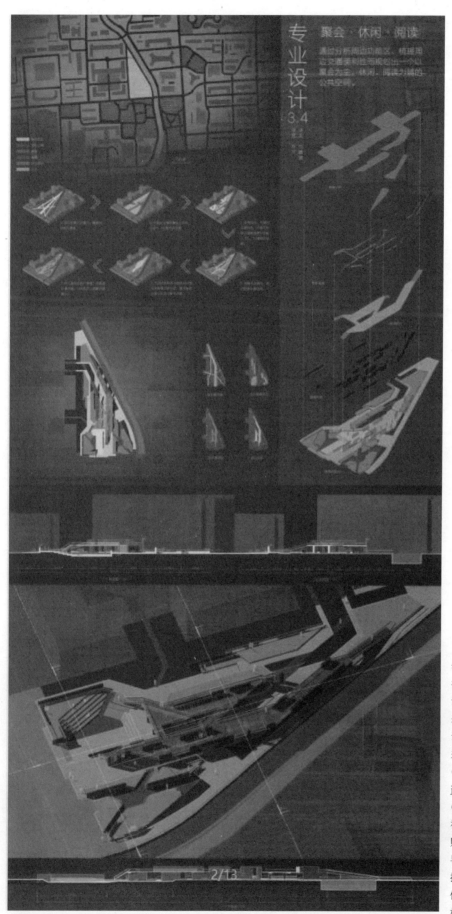

学生：郑啟劲

指导教师：梁雯　张月　管沄嘉　杜异

课程：专业设计（3）（4）

表达特色：展板色调采用少见的深色色调来突出设计主体，以最下端的效果图来传递主要信息。

（1）效果图：SketchUp 模型制作导出 jpg＋PS 后期调色＋PS 后期素材拼贴。

（2）平面图：SketchUp 模型制作＋俯视导图＋PS 后期上色＋PS 后期素材拼贴。（3）立面图：SketchUp 模型制作导出 jpg＋PS 后期调色＋PS 后期素材拼贴。（4）分析图：SketchUp 模型制作导出 jpg＋PS 后期调色＋PS 后期素材拼贴。

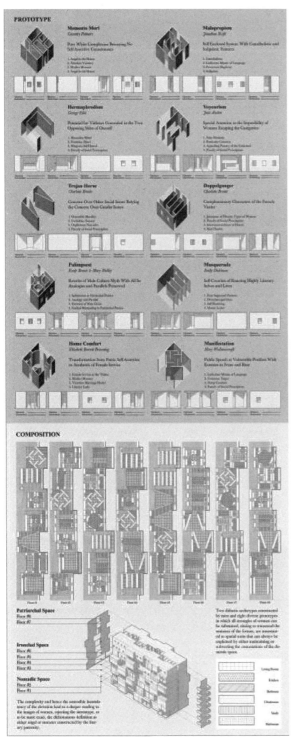

学生：李金铭　指导教师：黄艳　杜异　管沄嘉　课程：专业设计（6）

表达特色：展板由大量分析图构成，信息量丰富。

（1）效果图：SketchUp 模型制作＋Vary 渲染＋PS 后期图像处理＋PS 后期气氛场景渲染添加。（2）立面图：SketchUp 模型制作导出线稿＋PS 后期调色＋PS 后期素材拼贴。（3）分析图：SketchUp 模型制作导出线稿＋PS 后期上色＋PS 后期文字添加。

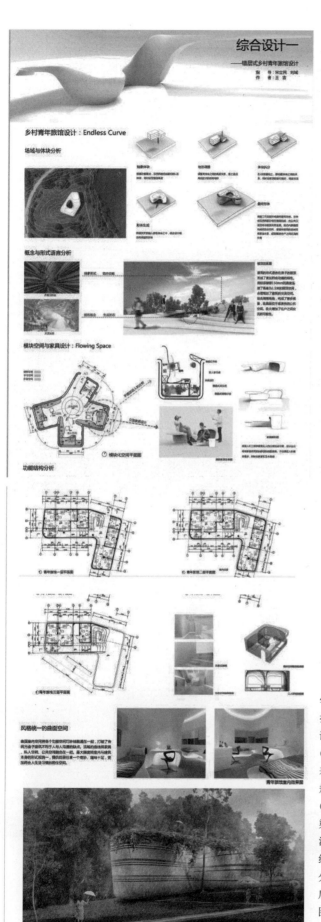

学生：马可

指导教师：宋立民　王吉

课程：2017～2018 学年春季学期综合设计（1）

表达特色：版面图纸内容丰富，采用一种常规稳重的图面表达以及排版方式。

（1）效果图：SketchUp 模型制作＋Vary 渲染＋PS后期图像处理＋PS后期气氛场景渲染添加。（2）立面图：SketchUp 模型制作导出线稿＋PS后期调色＋PS后期素材拼贴。（3）分析图：SketchUp 模型制作＋Vary 渲染＋PS后期图像处理＋PS后期文字添加。（4）平面图：CAD矢量图绘制＋PDF导入 PS中上色后期＋PS后期气氛场景渲染添加。

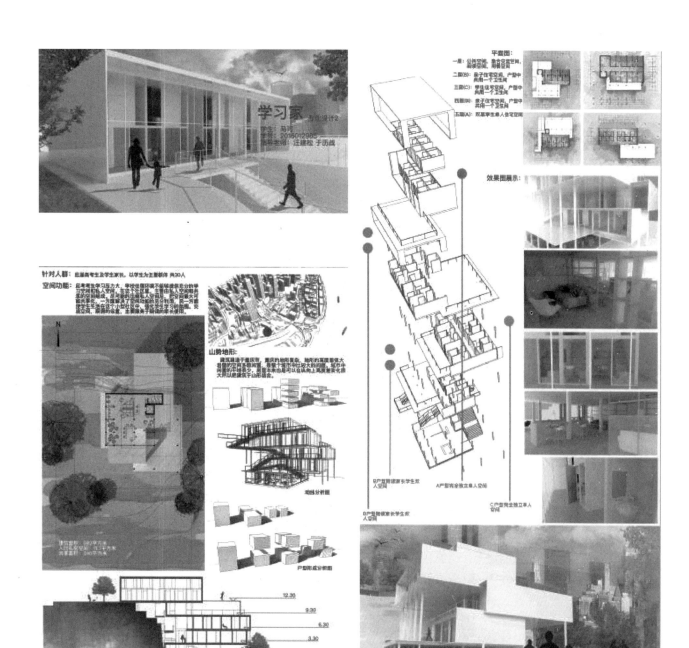

学生：马可

指导教师：汪建松　于历战

课程：专业设计（2）设计表达（2）

表达特色：图面表达以效果图居多，分析图为辅，图纸色调清新。

（1）效果图：SketchUp 模型制作＋Vary 渲染＋PS 后期图像处理＋PS 后期气氛场景渲染添加。（2）立面图：SketchUp 模型制作导出线稿＋PS 后期上色＋PS 后期素材拼贴。（3）分析图：SketchUp 模型制作导出线稿＋PS 后期素材拼贴＋PS 后期文字添加。（4）平面图：CAD 矢量图绘制＋PDF 导入 PS 中上色后期＋PS 后期气氛场景渲染添加。

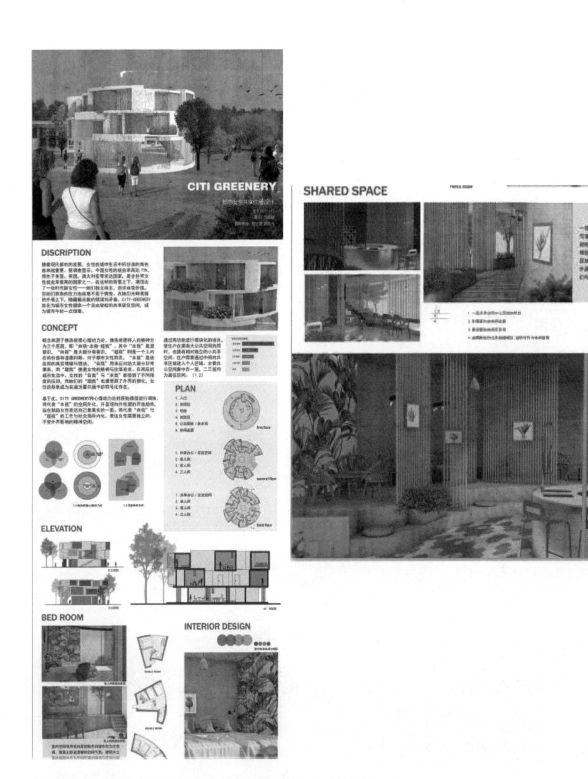

学生：何孟凝　指导教师：管沄嘉 刘北光　课程：专业设计（2）设计表达（2）

表达特色：整体颜色柔和清新，展板采用上下效果图，中间放置分析图以及其他图纸的布局，是一种较为常规的布局。

（1）效果图：SketchUp 模型制作＋Vary 渲染＋PS 后期图像处理＋PS 后期拼贴素材＋PS 后期气氛场景渲染。（2）立面图：SketchUp 模型制作导出线稿＋PS 后期上色＋PS 后期素材拼贴。（3）分析图：PS/AI 图形绘制＋PS/AI 后期文字添加。（4）平面图：CAD 矢量图绘制＋PDF 导入 PS 中上色后期＋PS 后期气氛场景渲染。

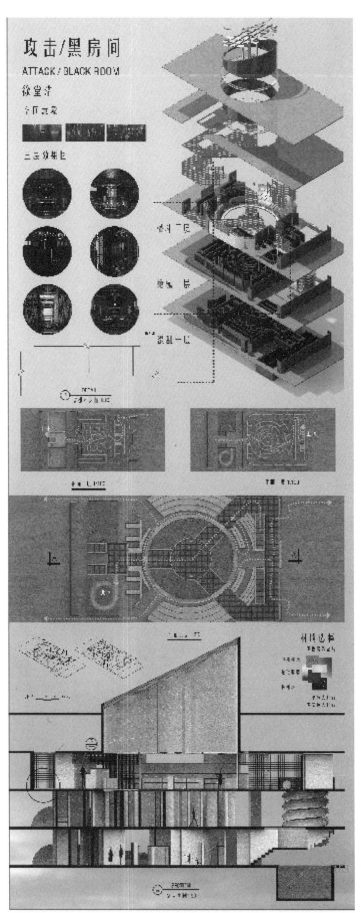

学生：徐堂浩

指导教师：涂山

课程：专业设计（5）

表达特色：图纸排版没有运用过多的语言，采用较为简单地布局手法以及冷酷的黑白配色。整个版面以分析图为主并通过其传递设计信息。

（1）效果图：SketchUp 模型制作＋Vary 渲染＋PS 后期图像处理＋PS 后期拼贴素材＋PS 后期气氛场景渲染添加。（2）剖面图：SketchUp 模型制作导出线稿＋导入 PS 后期处理成黑白效果＋PS 后期素材拼贴。（3）分析图：SketchUp 模型制作导出线稿＋导入 PS 后期处理成黑白效果＋PS 后期素材拼贴＋PS 绘制分析线条。（4）平面图：CAD 矢量图绘制＋PDF 导入 PS 中上色后期＋PS 后期气氛场景渲染。

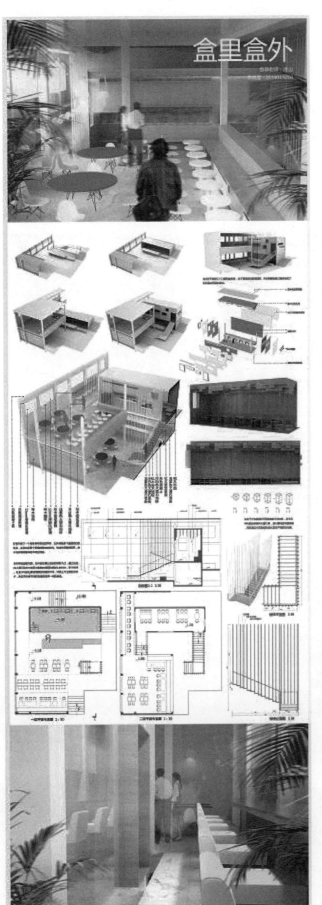

学生：李婉莹

指导教师：涂山

课程：2017～2018 年秋季专业设计（5）

表达特色：图纸排版没有运用过多的语言，采用较为简单地布局手法以及冷酷的黑白配色。整个版面以分析图为主并通过其传递设计信息。

（1）效果图：SketchUp 模型制作＋Vary 渲染＋PS 后期图像处理＋PS 后期拼贴素材＋PS 后期气氛场景渲染。（2）立面图：CAD 矢量图绘制＋PDF 导入 PS 中上色。（3）分析图：SketchUp 模型制作＋Vary 渲染＋PS 后期图像处理＋PS 后期拼贴素材＋PS 后期气氛场景渲染。（4）平面图：CAD 矢量图绘制＋PDF 导入 PS 中上色。

学生：李嘉艺

指导教师：涂山

课程：专业设计（5）

表达特色：图纸为呼应设计主题，以清淡的粉蓝色调为主营造温和的氛围。

（1）效果图：SketchUp模型制作＋Vary渲染＋PS后期图像处理＋PS后期拼贴素材＋PS后期气氛场景渲染添加。

（2）立面图：SketchUp模型制作导出底图＋PS后期调色＋PS后期素材拼贴。（3）分析图：SketchUp模型制作导出底图＋PS后期调色＋PS后期分析文字绘制。（4）平面图：CAD矢量图绘制＋PDF导入PS中上色后期＋PS后期气氛场景渲染添加。

参 考 文 献

[1] [德] 迪特尔. 普林茨，克劳斯. D. 迈耶保克恩. 建筑思维的草图表达 [M]. 赵巍岩译. 南京：江苏科学技术出版社，2017.

[2] [美] 玛丽露. 巴克. 办公空间设计 [M]. 董治年、姬琳、华亦雄译. 北京：中国青年出版社，2015.

[3] [美] 道格拉斯. 塞德勒，艾米. 科蒂. 建筑设计与表现 [M]. 刘美辰、安雪、沈宏、刘洋译. 北京：中国青年出版社，2015.

[4] [美] 罗杰. H. 克拉克，迈克尔. 波斯. 世界建筑大师名作图析 [M]. 卢键松 包志禹译. 北京中国建筑工业出版社，2018.

[5] [美] 迈克尔. C. 艾布拉姆斯. 建筑手绘. 创作与技巧—建筑大师的现场写生艺术教程 [M]. 陈月浩译. 上海：上海科学技术出版社，2016.

[6] [美] 莫. 兹尔. 建筑设计构思表达 [M] （原著第 2 版）. 陈彦宏译. 南京：江苏凤凰科学技术出版社，2021.

[7] [美] 吉姆. 道金斯，吉尔. 帕布罗. 室内设计思维训练与草图表达 [M]. 张昭译. 武汉：华中科技大学出版社，2020.

[8] 邹德侬编译. 建筑造型美学设计 [M]. 台北：台佩斯坦出版有限公司，1992.

[9] [西班牙] 阿杰多·马哈默. 世界建筑大师手绘图集：方案·规划·建筑 [M]. 李雯艳译. 沈阳：辽宁科学技术出版社，2006.

[10] [德] 乔纳森·安德鲁斯编著. 德国手绘建筑画 [M]. 王晓倩译. 沈阳：辽宁科学技术出版社，2005.

[11] Gordon Grice 著. 建筑表现艺术 [M]. 天津：天津大学出版社，1999.

[12] [美] R. 麦加里，G. 马德森. 美国建筑画选 [M]. 白晨曦译. 北京：中国建筑工业出版社，1996.

[13] 刘铁军，杨冬江，林洋. 表现技法 [M]（第一版）. 北京：中国建筑工业出版社，1999.

[14] 刘铁军，杨冬江，林洋. 表现技法 [M]（第二版）. 北京：中国建筑工业出版社，2006.

[15] 刘铁军，杨冬江，林洋. 表现技法 [M]（第三版）. 北京：中国建筑工业出版社，2012.

[16] 恩刚. 绘图设计透视学 [M]. 哈尔滨：黑龙江美术出版社，1998.

[17] 刘育冬. 建筑的涵意 [M]. 天津：天津大学出版社，1999.

[18] 郑曙旸. 室内表现图实用技法 [M]. 北京：中国建筑工业出版社，1991.

[19] 张绮曼，郑曙旸. 室内设计资料集 [M]. 北京：中国建筑工业出版社，1991.

[20] 江苏省建筑工程局组织编写. 建筑室内装饰说图 [M]. 北京：中国建筑工业出版社，1992.

[21] 中央工艺美院. 室内设计表现图：中央工艺美术学院环境艺术设计系专集 [M]. 北京：中国建筑工业出版社，1996.

[22] 赵曼，[英] Andy Brown. 计算机建筑表现图 [M]. 哈尔滨：黑龙江科学技术出版社，1995.

后记

　　高等学校环境艺术设计专业教学丛书暨高级培训教材《表现技法》第一版于 1999 年 6 月出版，2001 年 9 月，作为"面向 21 世纪的艺术设计重点学科环境艺术设计专业教材建设"（教材），获得"北京市教育教学成果"一等奖，2001 年 12 月获得"国家级教学成果奖"二等奖。《表现技法》第二版于 2006 年 10 月出版，被评为普通高等教育"十一五"国家级规划教材，并获得"清华大学优秀教材"一等奖，《表现技法》第三版于 2012 年出版发行。从 1999 年到 2012 年，三版共经历 24 次印刷，销量达 82930 册。从第一版的宣发到如今再版已悄然走过 23 年，在此期间，作为设计学科的重点专业，环境设计专业的历史经历了从环境艺术设计到环境设计的发展。同时清华大学美术学院环境艺术设计系的课程也经历了一系列的改革，教学体系不断变化，导致了设计表达的方法、内容、形式的更新，课程名称从"表现技法"更名为"设计表达"，课程从原来注重效果图表现转变为注重设计思维推导分析及不同阶段模型分析的综合性设计表达。同时设计表达的训练又融入到每个专业课程当中，教学上更加注重研究问题和解决问题的系统思维模式以及注重艺术化、个性化的表达方式。

　　从"效果图"、"表现图"到综合性的图示语言，设计表达的方法在不断的丰富和变化。如今的设计表达，不再是传统意义上单一图纸表现，更多展现清晰的逻辑顺序和生动的创作语言，因此《表现技法》的第四版修订再版更名为《设计表达》，通过设计表达解读设计思维的问题。

　　书中选择的图片大部分来自于清华大学美术学院环境艺术设计系本科生、研究生的课程作业及毕业设计的内容，图片涵盖景观设计、室内设计、家具设计等专业方向，比较全面的展现近十年环境设计系学生自由丰富、多姿多彩的设计表达学习成果。

　　在此，感谢清华大学美术学院环境艺术设计系的全体师生，为此次编书提供丰富的图片资料，此次参与编书的人员有：栾家成，曾叶青、徐新、徐小川、蔺明林、王浩阳、王梦瑶、秦佳敏、郭铠瑜。

刘铁军于清华大学美术学院 B347 室
2022 年 3 月 11 日